機械工作と生産工学

関東学院大学 工学部 教授
牧　充

2001

東　京
株式会社
養賢堂発行

まえがき

　人類がその起源から関わってきた「ものづくり」は，石器や土器などの生活に必要な道具をつくり出すことから始まり，人類の要求する様々なものをより素晴らしく，より経済的に生産する機械の開発，あるいは良い製品を大量に生産するための方法の創造へと発展してきた．

　数百万年前に石を使い始めた人類が，いまや機械自身が製品の誤差を検出し，補正をし，$1\mu m$の1000分の1の精度の製品をつくり出す機械の製造に挑戦するに至っている．

　道具が道具を，機械が機械をつくり出してきたとするなら，なぜ性能・精度の悪いものがより良いものをつくり出して機械は進化発展してきたのだろうか．それは，人類の「ものづくり」にかけてきた創意工夫と情熱の精神作業によるものであろう．

　現代は，情報革命時代，あるいは新産業革命の時代ともいわれ，多くの新技術や新製品が次々に生み出され，しかも大量に消費されている．大量生産のためのより良いシステムが考案，構築され，生産工学という新たな学問も広く認知されてきた．

　その一方で，現代は大量生産・大量消費のつけとしての環境破壊が地球規模で起こり，環境保全，自然保護というものが人類全体の生き残りのための重要な課題として考え始められている時代でもある．

　このような現代あるいは将来において，「ものづくり」，すなわち生産活動に従事するためには，現代の工作技術や生産方式の基礎的な知識を身につけるとともに，古来から人類が行なってきた「ものづくり」に対する創意工夫，理論的考察の態度を習得し，かつ全地球的規模の視野で生産活動を考慮する必要がある．

　以上のような観点に基づき，本書は大学，工業高等専門学校などにおける機械系学生，あるいはこれから機械工作・生産工学を学ぼうとする人々に対し，これらの基本的事項をできるだけわかりやすく記述し，また「ものづく

り」に対する創意工夫，あるいは加工技術の理論的考察理法の初歩的な案内を意図したものである．また，現代の生産技術者が避けて通れない地球的規模の破壊，あるいは製造責任への配慮を学ぶため ISO 9000 s，ISO 14 000 s についての紹介をも行なっている．

　本書は，著者の大学での講義をまとめたものであり，講義中の雑談に相当する「chat room」というコーナーを設けている．寸時余話を楽しんでいただければと思う次第である．

　最後に，本書の執筆に対し参考にさせていただいた多くの著書・文献の著者の方々に心から感謝と敬意を表するとともに，出版に際し，色々とお心くばりをいただいた養賢堂 三浦信幸氏・木曽透江女史をはじめ，編集部の方々に心からお礼を申し上げる．

2001 年 5 月

牧　　充

目　次

第Ⅰ部　機械工作

第1章　工作機械の歴史

1.1　はじめに･･･1
1.2　石器時代からイタリア・ルネッサンスまで･･････････1
1.3　産業革命の時代･･････････････････････････････････6
1.4　情報革命の時代の工作機械････････････････････････7
　　参考文献･･8

第2章　旋盤の構造と切削加工

2.1　旋盤の機構と一般的な加工････････････････････････9
2.2　旋盤による職人業の加工･････････････････････････10
2.3　切削工学の紹介･････････････････････････････････11
　　2.3.1　構成刃先････････････････････････････････11
　　2.3.2　仕上げ面粗さ････････････････････････････15
　　2.3.3　切削工具の損耗と寿命････････････････････19
　　2.3.4　チップブレーカ･･････････････････････････21
　　2.3.5　切削抵抗････････････････････････････････23
2.4　旋盤によるねじの加工方法･･･････････････････････27
　　2.4.1　旋盤によるねじの加工原理････････････････27
　　2.4.2　旋盤で加工されるねじ面の解析････････････30
　　2.4.3　初等幾何の手法によるねじ面の解析････････30
　　2.4.4　ベクトルおよび座標変換の手法によるねじ面形状の解析･････32
　　参考文献･･･････････････････････････････････････35

第3章　穴あけ加工

3.1　はじめに･･･････････････････････････････････････36
3.2　ボール盤･･･････････････････････････････････････37
3.3　ドリルの種類･･･････････････････････････････････38
3.4　ドリルの切削機構･･･････････････････････････････40
　　(1)　ねじれ溝････････････････････････････････････41

[4]　目　次

　　(2) シャンク··41
　　(3) 主切れ刃··42
　　(4) マージン··42
　　(5) 先端角··42
　　(6) チゼルエッジ··42
　　(7) すくい角··43
　　(8) 逃げ角··43
　　(9) ニック··44
　　(10) チップブレーカ··44
　参考文献··46

第4章　フライス盤による加工

4.1　フライス盤の構造··47
　4.1.1　横フライス盤··47
　4.1.2　立てフライス盤··48
4.2　フライスカッタ··49
4.3　上向き削りと下向き削り··50
4.4　フライスカッタの切れ刃の切削機構と仕上げ面粗さ··················51
4.5　フライス盤によるねじ切り··53
　参考文献··59

第5章　研削加工

5.1　はじめに··60
5.2　各種研削作業··60
　5.2.1　円筒研削··60
　5.2.2　内面研削··61
　5.2.3　平面研削··62
5.3　砥石を構成する要素··64
　(1) 砥粒の材質··64
　(2) 粒　度··65
　(3) 結合度··65
　(4) 結合剤··67
　(5) 組　織··68

5.4 砥石車の形状 ··· 69
5.5 研削砥石の表示方法 ··· 70
5.6 研削仕上げ面粗さの理論式 ··· 71
　参考文献 ·· 73

第6章　歯車の加工

6.1 ホブ盤によるインボリュート歯車の加工 ······························ 74
　6.1.1 ホブ盤の機構 ·· 74
　　(1) 平歯車のホブ切り ·· 75
　　(2) はすば歯車のホブ切り ·· 76
　6.1.2 ホブ切りの原理 ·· 77
6.2 曲がり歯かさ歯車，ハイポイドギヤの加工 ···························· 79
6.3 ウォームギヤの加工 ··· 82
　参考文献 ·· 87

第7章　数値制御(NC)工作機械

7.1 はじめに ··· 88
7.2 NC工作機械の利点 ·· 89
　(1) 品質の向上 ·· 89
　(2) 検査の省略 ·· 89
　(3) 加工所用時間の短縮 ·· 89
　(4) 省力効果 ·· 89
　(5) 在庫費用の節約 ·· 90
　(6) 管理上の効果 ·· 90
　(7) 安　全 ·· 90
7.3 制御方式 ··· 90
7.4 サーボモータ ··· 93
7.5 NCプログラム ·· 96
　7.5.1 座標系の設定 ·· 96
　7.5.2 NCコード ·· 98
　参考文献 ·· 101

第II部　生産工学

第8章　生産工学入門

- 8.1　生産とは　……………………………………………… 103
- 8.2　トヨタ生産方式　……………………………………… 104
  - 8.2.1　ジャスト・イン・タイム　………………………… 104
  - 8.2.2　自働化　…………………………………………… 106
  - 8.2.3　ムダの徹底的分析　……………………………… 107
  - 8.2.4　ゼロ段取り　……………………………………… 109
- 8.3　MRP　………………………………………………… 112
- 8.4　治具　………………………………………………… 113
- 参考文献　………………………………………………… 119

第9章　IT時代の生産システム

- 9.1　はじめに　……………………………………………… 120
- 9.2　CIMとは何か　………………………………………… 120
- 9.3　CIMにおける情報の流れ　…………………………… 121
  - 9.3.1　CAD　……………………………………………… 121
  - 9.3.2　CAM　……………………………………………… 122
  - 9.3.3　CAPP　……………………………………………… 123
  - 9.3.4　光造形法　………………………………………… 124
  - 9.3.5　CAE　……………………………………………… 125
  - 9.3.6　LANとWAN　……………………………………… 125
- 9.4　CIMにおける物の流れ　……………………………… 126
  - 9.4.1　DNC　……………………………………………… 126
  - 9.4.2　FMS　……………………………………………… 126
  - 9.4.3　ロボット　………………………………………… 127
  - 9.4.4　自動倉庫とAGV　………………………………… 128
- 参考文献　………………………………………………… 129

第10章　品質管理

- 10.1　はじめに　…………………………………………… 130
- 10.2　品質管理の定義　…………………………………… 130
- 10.3　品質とは　…………………………………………… 132

目　次　[7]

10.4　真の特性と代用特性 ································· 132
10.5　設計品質と製造品質 ································· 133
10.6　管理とは ··· 133
　　（1）plan ··· 133
　　（2）do ·· 134
　　（3）check ······································· 134
　　（4）action ······································· 134
10.7　統計的な考え方 ···································· 135
10.8　図による統計的方法 ································ 136
　10.8.1　特性要因図 ··································· 136
　10.8.2　パレート図 ··································· 137
　10.8.3　ヒストグラム ································· 137
10.9　データの数式化による統計的方法 ······················ 139
　10.9.1　代表値 ······································ 139
　　（1）平均値 ······································· 139
　　（2）中央値（メディアン） ························· 140
　　（3）最頻値（モード） ····························· 140
　10.9.2　ばらつきの表わし方 ··························· 140
　　（1）偏差と平方和 ································· 140
　　（2）分散，不偏分散 ······························· 141
　　（3）標準偏差 ····································· 141
　　（4）範　囲 ······································ 141
　10.9.3　正規分布 ···································· 142
10.10　統計的な推測 ····································· 146
　10.10.1　母平均に関する推測 ·························· 146
　10.10.2　母平均値の区間推定 ·························· 148
　参考文献 ·· 149

第11章　国際標準化機構－品質保証に関する標準規格 ISO 9000 シリーズ

11.1　ISO 9000 シリーズ制定の歴史的背景 ·················· 150
11.2　日本における ISO 9000 シリーズの展開 ··············· 152
11.3　PL 法との関連 ···································· 153
11.4　ISO 9000 シリーズとは何か ························· 154

11.4.1　ISO 9000 シリーズと TQC 活動との関係 ･････････････････ 154
11.4.2　シリーズに含まれる五つの規格 ････････････････････････ 156
11.4.3　ISO 9000 シリーズの認定と認証 ････････････････････････ 159
11.4.4　認証を受けるための文書作成 ･･･････････････････････････ 159
11.5　内部監査，審査および定期審査 ････････････････････････････ 160
11.5.1　内部監査 ･･･ 160
11.5.2　審　査 ･･･ 161
11.5.3　定期審査と更新審査 ･･･････････････････････････････････ 161
参考文献 ･･･ 162

第12章　国際標準化機構－環境マネジメントシステム規格 ISO 14000 シリーズ

12.1　環境問題 ･･･ 163
12.2　環境問題への世界の取組みと日本の対応 ･･･････････････････ 165
12.3　ISO 14000 シリーズの制定 ････････････････････････････････ 169
12.4　ISO 14000 シリーズとは ･･･････････････････････････････････ 172
12.5　ISO 14000 シリーズ導入後の環境対策の深化 ････････････････ 175
（1）グリーン購入 ･･･ 176
（2）ライフサイクルアセスメント（LCA）の実施 ･････････････ 176
（3）エコマークの取得 ･･･････････････････････････････････････ 176
参考文献 ･･･ 178

問題の解答 ･･･ 179

索　引 ･･･ 187

第Ⅰ部　機械工作

第1章　工作機械の歴史

1.1　はじめに

　ここでは，まず工作機械（machine tools）の歴史を紹介する．工作機械は物を製作するために使われる機械であり，広い意味では生産に用いられる道具（tool）である．工作機械は，人類の生活全般にわたって生活に必要なものをつくり出していく道具として始まり，人類の要求する様々なものを，またより素晴らしいものを，より経済的に生産する機械へと発展していった．これらは，人類の発生とともに始まって人類の進歩とあいまって進歩・発展し，現在の巨大かつ高度な機械文明を支える機械を生産するための機械という姿になった．最新の工作機械では，従来，優れた技能者がその経験と勘によって行なってきた熱や力や経年変化による機械自身の発生する誤差を機械自身で補正することさえできる．中には1μmの1000分の1という分子レベルのオーダの精度を出せるものさえある．

【問題1.1】
　　工作機械の歴史を見てみると，人類の進化とともに工作機械も進化してきたことがわかる．道具が道具を，また工作機械が工作機械を製作してきたことを考えると，なぜ精度が悪い機械，品質が劣る機械から現在われわれが見るような精度も性能も良い工作機械が産み出されるに至ったのだろうか．

1.2　石器時代からイタリア・ルネッサンスまで

　人類は，推定250万年程前から石器という道具を使い始めた．石器という道具を対象とする加工物に応じて成形し，斧やナイフ，包丁と使い分けていったと考えられる．人類の生活文化をより向上さる道具としての石器が広い意味での工作機械の始まりである．250万年という長い石器時代を経て，人類はついに石器に代わって金属を鋳造したり，鍛造する技術を習得した．それ以後，人類は現代のわれわれが持つ工作機械と同様の様々な機能を持つ道

具を発明するに至った.

アルプスの氷山の氷の中から発見された推定5000年以前に生活していた古代人は,現代人が持っている斧と同じ形状の美しい銅製の斧を持っていた.この古代人は,石の矢尻を装備した弓矢をも持っていたので,石器と金属性の道具の双方を使い分けていたことになる.このアルプスの氷人の発見により,人類が5000年以前には銅の精錬,鋳造の技術を持っていたことが明らかになったのである.

弓の発明は石器時代と思われるが,実物が発見されたのはもちろんこの氷人の所持品が最初である.弓を動力源として工具を回転させて木材に穴を開ける現在のボール盤に相当する道具を使用している壁画が発見されている.図1.1に示すエジプト墓窟の壁画[1]である.通常,これを最古の工作機械としている.いまから3500年以前にボール盤が発明されていたことになる.これは,弓の弦をきり(drill)を保持する主軸に巻き付け,弓を前後に動かして主軸に回転運動を与える.左手できりを加工物に押し込んで,穴を掘り進んでいく方式である.

この弓きり軸(bow drill)は,当時世界中に広く分布していたようで,ロンドン科学博物館にエジプトのものと並んでソロモン島やエキスモーの物も展示されている.この弓を動力源とする方法は,近代に蒸気機関やモータが発明されるまで水車と併用されてきた.

図1.1 エジプト墓窟の壁画,世界最古の穴あけ図(紀元前15世紀)
(ロンドン科学博物館所蔵の写真とその線図)[1]

1.2 石器時代からイタリア・ルネッサンスまで

　工作機械の代表といわれる旋盤の発明は，ボール盤に次いで古いと考えられる．その最古の例証は，やはりエジプト古墳から発見された．図1.2に紀元前3世紀のレリーフの写真とその線図を示す[1]．線図に従ってこの図を見てみると，右の人物が加工物に巻き付けたひもを操作して，これを回転させ，左の人物が刃物を当ててこれを切削している．上下に描かれた2本の軸に加工物を挟んでいるが，上下を水平方向，すなわち奥行と考えるのが妥当であろう．軸受，回転軸，刃物が揃った旋盤の原型をレリーフに見ることができる．

　紀元前に発明され，その後徐々に進歩した工作機械の原型は，イタリア・ルネッサンスに現われた天才レオナルド・ダ・ビンチ（Leonardo da Vinci：1452～1519年）の発明によって一挙に近代の工作機械へと発展した．ルネッサンスは，人間の文化をカソリックの束縛から解き放ち，人間本来の芸術運動に高めたことはよく知られている．レオナルドは，「モナリザ」や「最後の晩餐」などの絵画で偉大な芸術家としての名声はあまねく知れわたっているが，彼はまた，自然科学，医学，軍事工学，建築工学，機械工学に偉大な業績を残しているのである．その業績は，「アトランティコの手稿」（Codice Atlantiko）として現在の人類に残されている．この手稿は，彼自身の研究やアイデアのメモであろうと今日では考えられている．長い年月にわたって他人の目に触れることなく放置されていた．彼のすべての手稿は1972年に

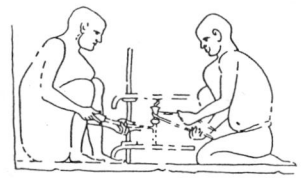

図1.2　エジプト古墳壁画（紀元前3世紀）[1]

ローマの教皇庁に移され，そこでパウロ六世の検閲を受けた後，「アトランティコの手稿」の写本は 1977 年に至ってやっと出版事業が完了した[2]．

以下に，工作機械に関するレオナルドの業績を紹介しよう[3]．図 1.3 は，現在の工場にある工作機械のスケッチといってもそのまま認められそうな絵であるが，これはレオナルドの水道木管用内外径切削機である．頑丈なベッドを持ち，ベッド中央に刃物台を送るねじが付く．この工作機械の最大の特徴は，シリンダの内側の両端に取り付

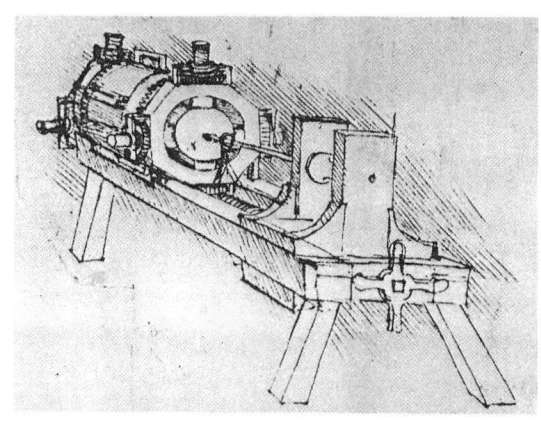

図 1.3 レオナルドの中ぐり盤のスケッチ[3]

けられた 2 組の四爪チャックが，どのような太さの丸太でも常にその軸をこの工作機械の中心に確実に固定する構造になっていることである．現在の旋盤に取り付けられている自動調心方式が，実に 400 年以上も前に彼によって発明されていたのである．

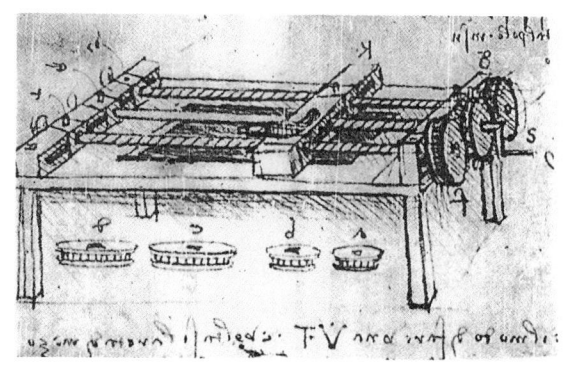

図 1.4 レオナルドのねじ切り盤のスケッチ[3]

図 1.4 は，レオナルドのねじ切り盤のアイデアである．2 本の親ねじによって移動する刃物台に取り付けられた工具が中央の加工物にねじ切りを行なう．特筆すべきは，この工作機械の下に描かれている換

え歯車である．この歯車を取り換えることにより，親ねじに対する加工物の回転を変化させ，親ねじに対する回転比によって決定される任意のピッチのねじを加工できる．これは，現代のねじ切り旋盤の基本となる理論である．

さらに，彼は図1.5に示すように現代の切削工学の基本であるバイトの形状に関するスケッチをも残している．また，図1.6に示すように研削盤の原型も彼のアイデアである．

彼は，様々な工作機械のアイデアを示したが，モータ，蒸気機関，エンジンといった動力を得ることはできなかった．実際に彼のアイデアが実用化されたのは産業革命以後のことになった．

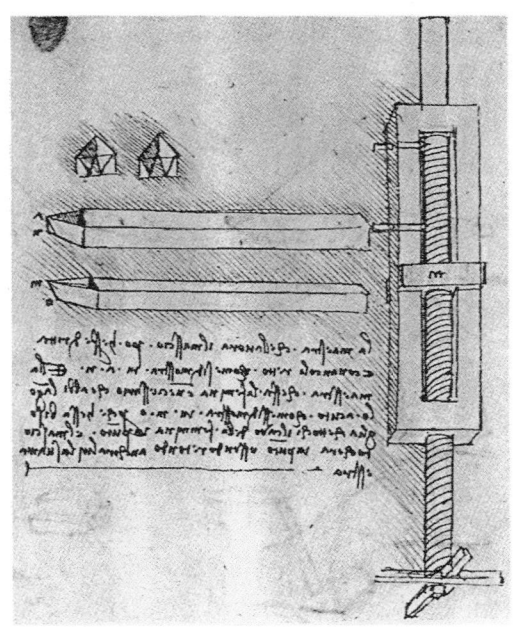

図1.5　レオナルドのバイトのスケッチ[3]

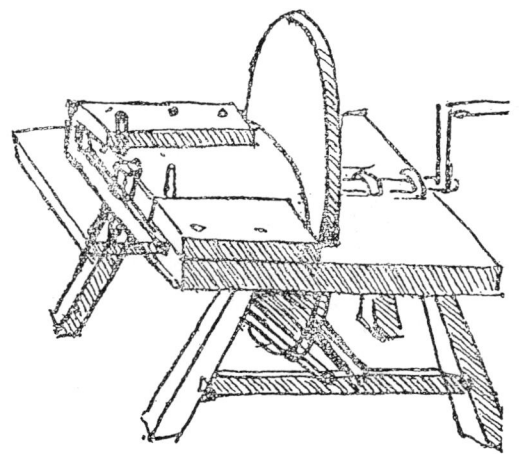

図1.6　レオナルドの研削盤のスケッチ[3]

第1章 工作機械の歴史

☆ ☆ ☆ chat room ☆ ☆ ☆

　レオナルド・ダ・ヴィンチの発明には，今日われわれになじみ深い，ある意味では遊び道具に類するものも多数ある[3]．「アトランティコの手稿」には，今日の自転車とほとんど変わりないチェーンとスプロケットで駆動する方式の自転車のスケッチが見られる．また，日本の旅客機のマークに使用されて日本で有名になったヘリコプタの原型とみなせるスケッチ，さらにはスキューバダイビングに使用されている「足ひれ」にシュノーケルのスケッチも描かれている．現代のわれわれが，ぜひ楽しみたいと思う「陸・海・空」の「遊び」をすべて彼は思い描いていたといえる．

1.3 産業革命の時代

　蒸気原動機を開発するためには，シリンダの内面を精度よく加工する工作機械が必要不可欠であった．イギリスの工場主兼発明家であったウイルキンソン（John Wilkinson）は1775年に図1.7のような構造の中ぐり盤を発明した[4]．この中ぐり盤は，精度を従来のものより飛躍的に向上させた現代のマザーマシン（機械をつくる工作機械）の出発点であると同時に，ワットの蒸気機関を成功させ，産業革命のスタートの号砲を鳴らせたといえる．蒸気機関を開発した工作機械なので，動力は未だ前近代的な水車であることも興味深い．

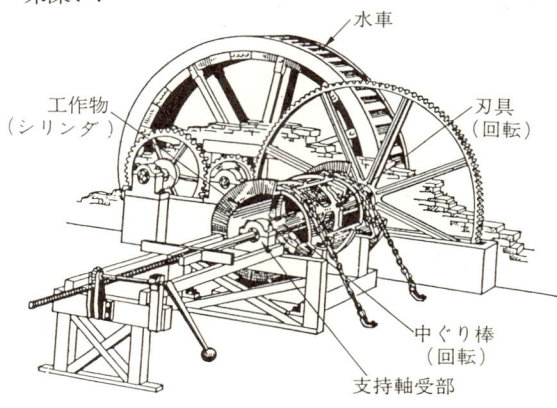

図1.7　ウイルキンソンのシリンダ中ぐり盤（1775年）[4]

　モーズレイ（Henry Moudslay）は，1797年に送り台を備えたねじ切り旋盤を製作した．図1.8は，ロンドンの科学博物館に展示されているモーズレイのねじ切り旋盤1号機である[5]．この旋盤には，実に300年前にレオナルドが発明した換え歯車によるねじ切

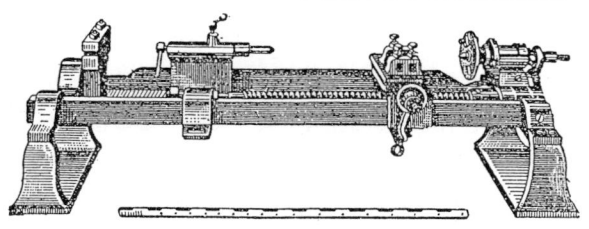

図 1.8 モーズレイの送り台を備えたねじ切り旋盤
(1797 年)(ロンドン科学博物館所蔵)[5]

りの原理が採用されているのである．また，正確な加工運動を得るための基準面として，モーズレイの旋盤では長手方向に滑り案内面を設け，またウイルキンソンの中ぐり盤では中ぐり棒の両端に案内軸を設けていて，ともに工作機械の「母性原則」に立脚し，効果を上げたものといえる．これは，工作機械が自身の精度を，それを使ってつくる機械部品にあたかも母と子の関係のように写し出すという特徴を持つことを意味する．この 2 台のマザーマシンを原点として，工作機械はその後，目覚ましい発達を遂げ，現在の工作機械に到達したのである．

フライス盤は，1818 年にアメリカのホイットニー (Ellie Whitney) により発明された．引き続き，アメリカのブラウン (Joseph R. Brown) の万能フライス盤の製作により，ドリルやカッタが正確につくられるようになった．歯切り盤も，アメリカのブラウン (Joseph R. Brown) やドイツのファウター (Herrmann Phauter) らにより開発された．研削盤は 1860 年代にアメリカで基本的な形態が確立し，ノートン (Charles H. Norton) らによって製作された．

1.4 情報革命の時代の工作機械

1950 年，せん孔テープによる数値制御方式の加工が MIT (マサチューセッツ工科大学) でフライス盤ではじめて行なわれた．当初，航空機部品の検査用板ゲージの製作を意図したものであったが，その優れた着想から広範な用途が考えられ，アメリカの多くの企業で各種の数値制御 (NC: Numerical Control) 工作機械が開発された[6]．

さらに，カーネ・トレッカー（Kerney & Trecker）社がNC中ぐりフライス盤を基礎として自動交換装置（ATC：Automatic Tool Changer）を付け，マシニングセンタとして1960年に発表した．以来，この機種が多種小・中量生産の自動化に最適のものとして発達し，世界的に普及することになった．NC旋盤は，旋削のほかに他の加工も行なえるターニングセンタの形をとるものへと発展してきた．

コンピュータ機器のあらゆる分野への普及，いわゆる情報革命の波に乗って工作機械は無人化を指向し，ロボットの普及ともあいまって現在の姿に発展してきた．NCの採用が大きな効果を上げ，新しい加工法を採用したワイヤカット放電加工機，レーザ加工機が目覚ましい発展と普及を示した．

☆　☆　☆　chat room　☆　☆　☆

日本では，聖武天皇が奈良の東大寺の大仏を建立された，あるいは織田信長が鉄砲を多量につくらせたというように，時の権力者の名前が近代以前の技術史に残ることはあっても，ある機械装置や技術の発明者の名前として個人名が刻まれていることは皆無といってよい．刀鍛冶や陶工の名前が作品に何代正宗や柿右衛門として残っているが，この名前は芸術家として残っているのであって，科学者，技術者として残っているのではないのではないか．

しかし，西欧文明にはその折々に出現したB.C.200年頃にてこやねじの研究に没頭したアルキメデスやイタリアのルネッサンスのレオナルド・ダ・ビンチのような天才や，あるいは産業革命の折りのウイルキンソンのような技術者の個人名が鮮やかな光芒を放ちながら現在に伝えられている．ここに西洋と東洋の文化，文明の相違を見ることができよう．

参考文献

1) 宮崎正吉：工作機械の歴史，ミツトヨ博物館 (1997).
2) 加茂儀一：レオナルド・ダ・ヴィンチ伝，小学館 (1984).
3) ラディスラォ・レティ編集：知られざるレオナルド，岩波書店 (1975).
4) L. T. C. Lolt : Tools for the Job, Her Majesty's Stationary Office (1986改訂), 磯田 訳, 工作機械の歴史, 平凡社.
5) ヴェ・ダニレフスキー（桝本セツ・岡邦雄 共訳）：近代技術史，岩崎書店 (1954).
6) 佐久間敬三・斎藤勝政・吉田嘉太郎・鈴木　裕：工作機械，コロナ社 (1983年 32版発行).

第2章 旋盤の構造と切削加工

2.1 旋盤の機構と一般的な加工

　前章で紹介したように，旋盤（lathe）の歴史はエジプトの王朝時代にまでさかのぼることができる．この数十年で2進数の信号によって制御するNC旋盤が出現した．しかし，近代工作機械の原型はレオナルド・ダ・ビンチが発明した任意のピッチのねじを加工できる普通旋盤（engin lathe）であるといえる．

　図2.1に普通旋盤の外観と各部の名称を，また図2.2に内部のギヤトレーンを示す．工作物の一端をつかみ，これに回転運動を与える主軸台（head stock）がベッド（bed）上に固定されている．これに相対して，工作物の他端を支持する心押し台（tail stock）をベッド上に載せる．さらに，ベッド上をしゅう動することのできる往復台（carriage）があって，これにバイトを取り付ける刃物台（tool post）を載せる．なお，ベッドは足（脚部）で支えられて，作業に適した高さに保たれている．

　旋盤の動力は，モータからクラッチ，中間軸を経由して主軸に伝達される．

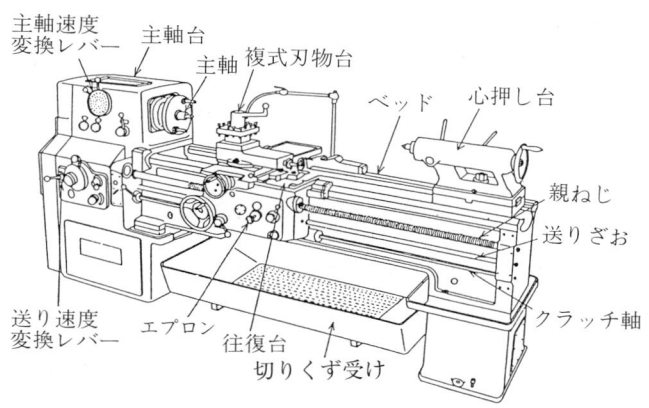

図2.1　普通旋盤（JIS B 0105）

(10)　第2章　旋盤の構造と切削加工

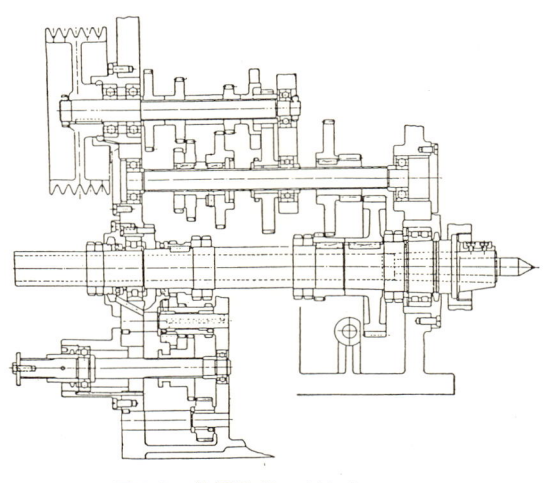

図2.2　普通旋盤のギヤトレーン

また主軸の回転は，送り歯車箱内の歯車を経て親ねじまたは送り軸に伝えられ，エプロン内の歯車を介して往復台に伝達される．主軸の回転数は，図2.2に示したように，主軸台中の速度変速機構により50：1あるいは30：1くらいの範囲内で階段的に変えられる．

普通旋盤による作業は，工作物に回転を，また刃物（tool）に送り（feed）を与え，外丸削り（turning），面取り（surfacing），突っ切り（cutting-off），中ぐり（boring），ねじ切り（screw cutting）などの切削加工を行なう．また，特殊作業として，内外のテーパ削り（taper turning），総形バイト（forming tool）による総形削り（form turning）などができる．なお，心押し台のセンタ穴にドリル（drill）またはリーマ（reamer）を取り付けて穴あけ（drilling）やリーマ通し（reaming）を行なうこともできる．そのほか，ローレット（roulette）によるローレット切り（knurling），ローラによるローラ仕上げ（roller finishing）などもできる．

2.2　旋盤による職人業(わざ)の加工

長年にわたって旋盤を扱ってきた技能者たちは，円柱，円筒の加工のほかに，工夫という精神作業により旋盤で加工したとは思えないものまでつくり上げてきた．図2.3に，旋盤で加工したとは思えない「立方体の中に立方体を加工した製品」を紹介する．これは，中国に古来から伝わる象牙の気が遠くなるような手仕上げ細工にみえる．職人たちは，工夫を凝らすということ

と，近代的な工作機械の性能をマッチングさせて，芸術品に匹敵する製品までをも工作機械で加工してきたのである．日本の伝統的な美術工芸品である伝統こけしも一種の旋盤と手仕事の組合せにより加工されている．

【問題2.1】
　図2.3の「立法体の中の立方体」を旋盤で加工する方法を考案せよ．ただし，素材は丸棒であるとする．

図2.3　普通旋盤で加工した「立方体の中の立方体」

2.3　切削工学の紹介

　旋盤に限らず，切削加工（machining）における様々な問題を工学の対象として捉え，よりよい製品を得るための適正な工作条件を得ようとする研究の成果を切削工学という．旋盤が，切削加工を行なう基本的な工作機械であるので，この章の中で切削工学の本質的な問題を主として横浜国大 名誉教授 故 中山一雄 の著書[1] を引用して紹介する．

2.3.1　構成刃先

　鋼やアルミニウムのような延性に富んだ材料を削る場合，被削材の一部が工具の刃先に堆積し，その堆積物が工具自体の刃先とは違った刃先を構成し，この構成された刃先が切削を行なうことがしばしばある．この推積物を構成刃先（built-up edge）という．これは，仕上げ面粗さ，切削抵抗，工具寿命などに功罪両面の影響を与えるので，よい切削を行なうためには，その性質，発生条件，防止法などについて充分な知識が必要である．図2.4に構成刃先の写真を示す．高速度カメラで捉えた映像である．切込み深さは0.2

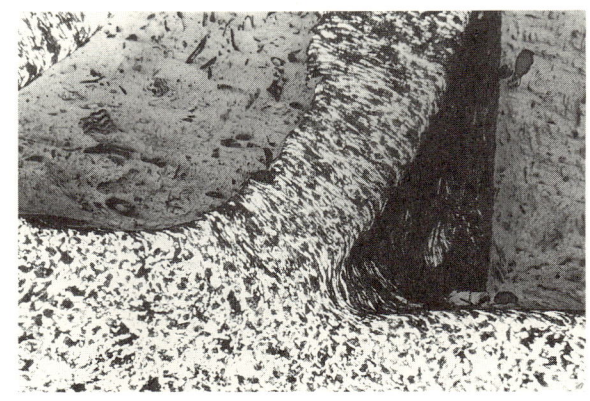

図 2.4 構成刃先

mm である.

　図 2.5 のように,水の流れの中に刃物の形をした障害物を置いて水流を 2 分するとき,その分岐点付近には流れが停滞したり,渦が発生したりする場所ができる.構成刃先の生成はこの現象と類似している.切りくずが忠実に工具すくい面に沿って流れるよりは,一部を曲がり角に残してその上を流れた方が,抵抗や仕事量が少なくてすむような場合に構成刃先ができるものと考えられる.

　多くの観察によると,安定した構成刃先の上面の傾き角,すなわちすくい角は,図 2.6 のように工具自体のすくい角とは無関係にほぼ 30°～40° であることが認められており,このあたりが最も自然で無理のない形であることを示している.したがって,工具のすくい角が大きくなるほど付着する構成刃先は小さくなり,工具すくい角が 30°近くなると,ほとんど構成刃先

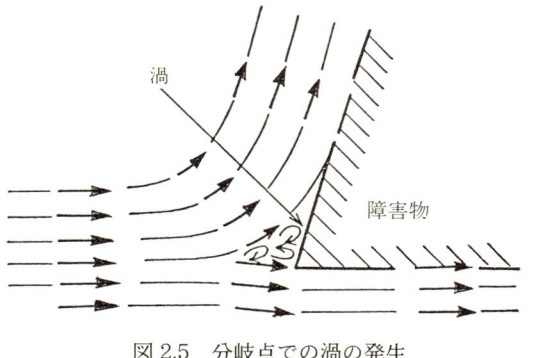

図 2.5 分岐点での渦の発生

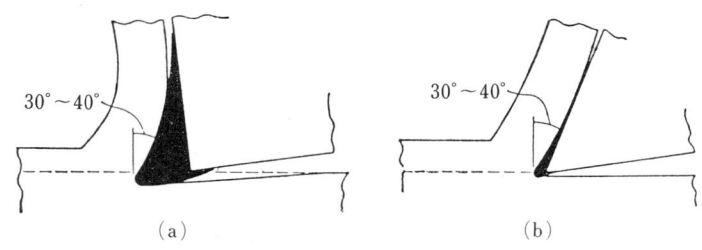

図2.6　工具のすくい角による構成刃先の大小

は付着しない．すくい角が大きいということは刃先が鋭いということで，切れ味がよい．いい換えれば，切削抵抗が小さいということである．

　発生，脱落の周期性に伴い切削抵抗に振動が発生する．構成刃先が付着すると，過切込みになり仕上げ面粗さは悪くなる．構成刃先は，再結晶温度以上に温度が上昇すると消滅するという性質を持っているため，図2.7に示すような発生，脱落に周期性がある．構成刃先は，母材はもちろん，切りくずと比べてもかなり硬くなっている．これは，構成刃先ができるときに受ける激しい変形に伴う加工効果によるものである．そのため，同一素材である母材をも削ることができる．構成刃先の輪郭は凹凸が激しく，しかも成長脱落によってその形が変化するので，構成刃先によって削られた仕上げ面は粗く，しかも不規則な形になることが普通である．

　図2.8は送り方向の粗さ曲線である．切削速度が100 m/min以上の高速側では，工具刃先のコーナ部分の輪郭が並んだ送りマークがきれいに現われているが，低速では様相が一変し，非常に粗い面になっている．この現象は，高速側で高速切削による発熱のために構成刃先が消滅したことを示している．

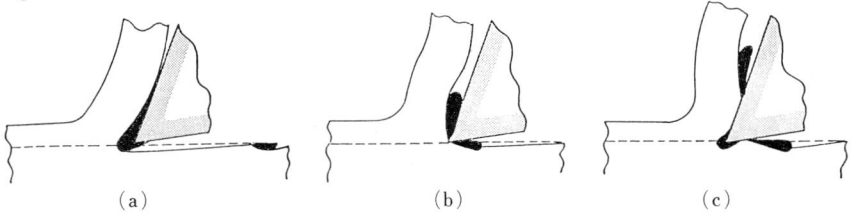

図2.7　構成刃先の成長と脱落

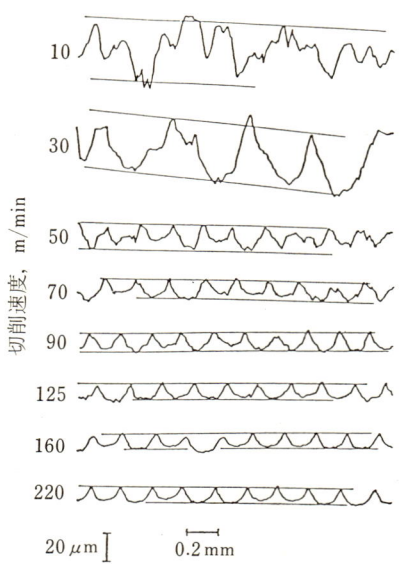

図2.8 切削速度による仕上げ面の変化

被削材：S45C，バイト：P20 超硬，刃部形状：−5，−5，5，5，30，0，0.74 mm（実測値），切込み：1.0 mm，送り：0.2 mm/rev，切削速度：変化

構成刃先は，切削加工に対して功罪両面の影響を持っている．

(1) 構成刃先は自身で加工に参加し，かつすくい角が30°〜40°という大きな値なので，切削抵抗が減り，切削動力も少なくてすむ．

(2) また，工具の刃先が構成刃先で覆われていれば，この部分は摩耗しない．荒削り用として，刃部形状を工夫し，構成刃先の付着しやすいSWCバイトが発明されている．

(3) 安定した構成刃先は有益であるが，成長，脱落の際の抵抗変動は工具を破損させやすい．また，構成刃先は過切込みとなり，寸法精度を悪化させ，加工物への残留物が仕上げ面粗さを著しく低下させる．

構成刃先の防止には，次の諸条件の内，どれか一つを満たしてやればよい．

(1) 工具の刃先温度を再結晶温度以上にして加工する．温度を上げる方法として高速で加工する，送りを増大する，加熱切削を行なうなどが考えられる．

(2) 工具のすくい角を大きくして30°付近にする．

(3) 工具のすくい面を潤滑して被削材の溶着を防ぐ．

【問題2.2】

小関智弘氏の著書「大森界隈職人往来」[2)]に次のような一節がある．『超硬バイトなんてのは高いばかりですぐに刃こぼれするからと使いたがらず，機械の回転を落として，ハイスのバイトで削っているのだった．日特のインゴット置場には，あちこちから運ばれたインゴットが山積みされている．うちのはひと目でわかるんだ．よそのは表面がキラキラ光っているのに，うちのはザラザラで光がないからね．ど

うしてだろう』

これは，新しい技術変革の波に乗りきれない職人さんの繰り言をつづっているのであるが，読者は切削工学の立場からこの職人に助言をするとすればどのように話してあげられるか．

2.3.2 仕上げ面粗さ

前項で述べたように，構成刃先の存在は加工物の仕上げ面粗さを悪くする一つの原因である．そこで，構成刃先を防止する方法は仕上げ面粗さの向上のための重要な要因となる．この項では，工具の形状，送り，切込みなどの加工条件による仕上げ面粗さの理論式を導き，実際の仕上げ面粗さとの相違の理由について考察する．

旋盤加工，あるいは形削り，正面フライス削りなどのように送りを与える切削では，いわゆる「送りマーク」が仕上げ面の理論粗さを決定する．工具の刃先が丸い場合とシャープな角形の場合の2種類について，図2.9と図2.10に加工物の仕上げ面粗さの理論式を模式図とともに示す．これらは円と直線の幾何によって導くことができる．刃先の丸みの部分で削った所だけが仕上げ面として残る場合には，理論粗さは円の頂点と円どうし交点の距離であって，初等幾可によって求めることができる．刃先丸み r に比べて送り S が

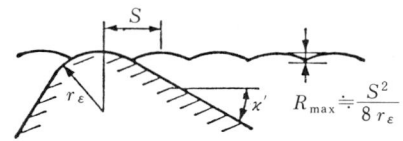

$S < 2 r_\varepsilon \sin x'$（丸コーナだけが仕上げ面をつくる場合）

図2.9 送り方向の理論粗さ（コーナ丸みの部分だけが仕上げ面をつくる場合）

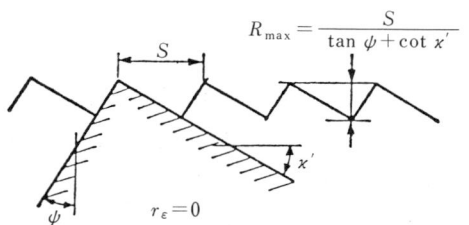

図2.10 送り方向の理論粗さ（コーナ丸みがない工具が仕上げ面をつくる場合）

小さいとして，

$$R_{\max} = r - \sqrt{r^2 - \frac{S^2}{4}} \fallingdotseq \frac{S^2}{8r} \tag{2.1}$$

で表わされる．

☆ ☆ ☆ chat room ☆ ☆ ☆

大学で学ぶ高等数学の内の解析学で筆者が最も恩恵をこうむっているのはテーラー（Taylor）の定理である．この定理によれば，

$$(1+x)^m = 1 + \frac{m}{1!}x + \frac{m(m-1)}{2!}x^2 + \cdots\cdots$$
$$+ \frac{m(m-1)\cdots\cdots(m-n+2)}{(n-1)!}x^{n-1}$$
$$+ \frac{m(m-1)\cdots\cdots(m-n+1)}{n!}x^n(1+\theta x)^{m-n} \tag{2.2}$$

の展開が成立する．x が十分微小で，二次以上の項を無視できるとき，

$$(1+x)^m \fallingdotseq 1 + mx \tag{2.3}$$

となる．そこで式（2.1）の平方根は

$$\sqrt{r^2 - \frac{S^2}{4}} = r\left(1 - \frac{S^2}{4r^2}\right)^{1/2} \fallingdotseq r\left(1 - \frac{S^2}{8r^2}\right) = r - \frac{S^2}{8r} \tag{2.4}$$

のように書けるのである．工学では，微小量を無視して概算する能力も必要である．

【問題 2.3】

刃先円半径 0.8 mm の工具と 0 mm の角形バイトの場合について，切削速度 200 mm / min，切込み 0.5 mm，送り 0.05 mm / rev とする加工条件の場合の理論粗さを求めよ．

図 2.11 は，上記の問題 2.3 について切削時間の経過に伴う仕上げ面粗さの変化を測った例である．図中，工具の表示は図 2.12 に示ように 7 個の工具の刃部形状を示す諸量を表 2.1 に従って列記している．

この実験例における理論粗さは，

$$R_{\max} \fallingdotseq \frac{S^2}{8r_\varepsilon} = \frac{0.05^2}{8 \times 0.8} = 0.0004 \text{ mm} = 0.4\ \mu\text{m} \tag{2.5}$$

2.3 切削工学の紹介　(17)

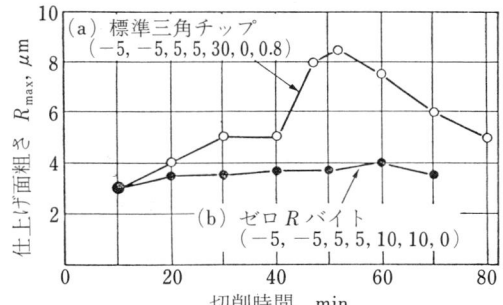

図 2.11　切削時間による仕上げ面粗さの変化

被削材：S45C，工具：P10 超硬，切削速度：200 m/min，切込み：0.5mm，送り：0.05mm/rev

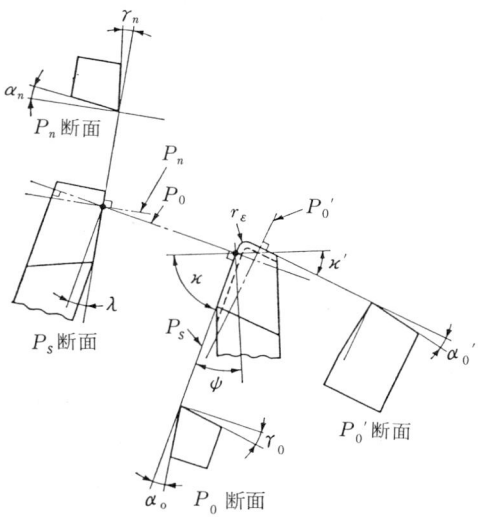

図 2.12　刃部形状を示す諸量

しかし，実験値はこの 7 倍以上になっている．一方，先端丸みのないバイトでは図 2.10 の式より，

$$R_{max} = \frac{S}{\tan\phi + \cot\kappa'} = \frac{0.05}{\tan 10° + \cot 10°} = 0.0086 \text{ mm} = 8.6 \ \mu\text{m}$$

(2.6)

表2.1 バイトの刃部形状の表示における記載順序

順序	JIS切削用語（基本）による用語と記号（本書中で使用）	JISバイト用語による用語と記号（参考）
1	切れ刃傾き角 λ	平行すくい角 α_p
2	垂直すくい角 γ_0 または直角すくい角 γ_n	垂直すくい角 α_n
3	副垂直逃げ角 α_0'	前逃げ角 γ_ε
4	垂直逃げ角 α_0 または直角逃げ角 α_n	横逃げ角 γ_ε
5	副切込み角 κ'	前切れ刃角 η
6	アプローチ角 ϕ	横切れ刃角 κ
7	コーナ半径 r_ε	ノーズ半径 R

（注）スローアウェイ工具では γ_n と α_n を使う方が便利であるが，一般に λ は小さいので，$\gamma_n \fallingdotseq \gamma_0$，$\alpha_n \fallingdotseq \alpha_0$ として差し支えない．

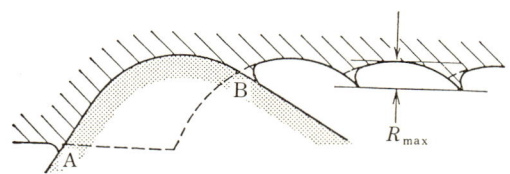

図2.13 盛り上がりによる粗さの増大

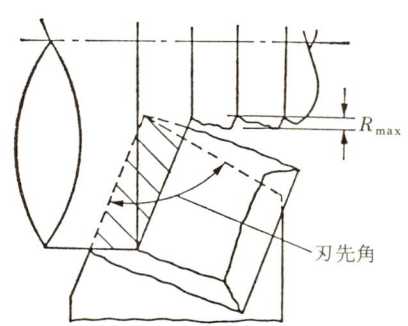

図2.14 むしり取りによる粗さの減少

となり，実験値はこの値の半分以下になっている．これは，図2.13に示すように，ノーズ半径のある工具による延性材料の切削では，加工面も切りくずも工具の側方にはみ出し，切れ刃の両端A，Bで盛り上がりを生じ，B部の盛り上がりが粗さを増大させると考えられる．

一方，図2.14のようにコーナ半径が送りに比べて小さくて切りくずが切れ刃に直角に近い方向に流出する場合には，流出する切りくずによって送りマークの山頂付近がむしり取られて，仕上げ面粗さが理論粗さよりかえって小さくなるものと考えられる．

【問題2.4】
　旋盤による加工において，仕上げ面粗さを小さくするための加工条件について論ぜよ．

2.3.3 切削工具の損耗と寿命

われわれが日常使っている包丁やナイフといった刃物も，使っているうちに切れ味が鈍ったり，切れなくなってくる．切削工具でも同様に，加工を続けていると，突然または徐々に切れなくなる．これは，主に刃先が摩耗して刃としての機能を失うからである．切削工具に見られる典型的な摩耗の形態を図 2.15 に示す．

工具のすくい面に噴火口（クレータ）に似たくぼみをつくるクレータ摩耗（crater wear），工具の逃げ面にできる逃げ面摩耗（flank wear），実際に切削を行なう部分の両端の逃げ面とすくい面の両方に発生する溝状の境界摩耗（groove wear）の 3 種類である．

クレータ摩耗は，鋼の切削などで連続した切りくずがすくい面と激しく摩擦することによって起こる．この摩擦・摩耗の代表的な機構は次の 2 種類であると考えられている．

(1) 機械的摩耗：被削材中の硬い粒子などがすくい面を引かいて削りとるもの．

(2) 溶着摩耗：すくい面が高温になるに従って切りくずは工具すくい面に溶着しやすくなる．溶着力が強くなれば，工具の一部が切りくずに持ち去られることになる．これが大規模に起こる場合は摩耗ではなくチッピングと呼ぶ．

逃げ面摩耗は，逃げ面が仕上げ面に摩擦されて起こる摩耗である．工具逃げ面には逃げ角が付けてあるが，切れ刃にごく近い部分の接触面との弾

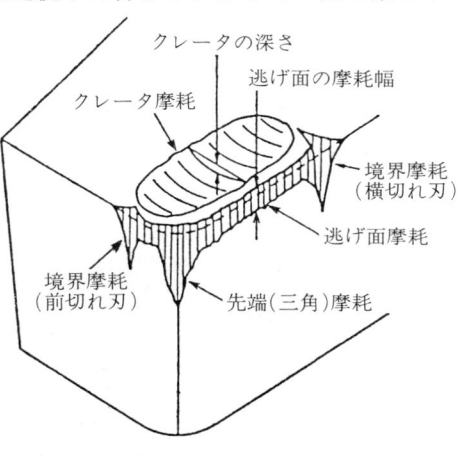

図 2.15 工具の摩耗状態

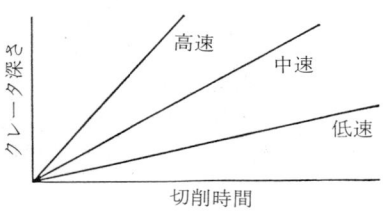

図 2.16 代表的なすくい面摩耗の進行

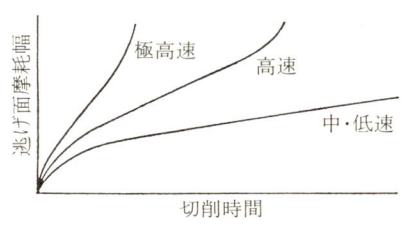

図 2.17　代表的な逃げ面摩耗の進行

性的接触，切れ刃の丸みや欠けによる負の逃げ角による摩擦に起因すると思われる摩耗が発生する．

境界摩耗は，切削部の高い圧縮およびせん断応力とその外側の外力0の部分が激しい応力勾配や温度勾配によるせん断応力に起因すると考えられる．

図 2.16 と図 2.17 は，金属切削における典型的なすくい面摩耗と逃げ面摩耗の進行を示したものである．工具寿命を T とし，そのときの切削速度を V とすると，両者の間には，

$$VT^n = C \quad (n, C : 定数) \tag{2.7}$$

の関係がある．これはテーラー（F. W. Taylor : 1856〜1915 年）の寿命方程式として知られている．この V, T の両者を対数方眼紙上にプロットしたものが，いわゆる VT 線図であり，工具の特性を示す線図として現在でも有効で広く用いられている．

【問題2.5】

筆者の研究室で，複雑な形状の歯車用の工具を開発した[3]．歯切り用のホブの切

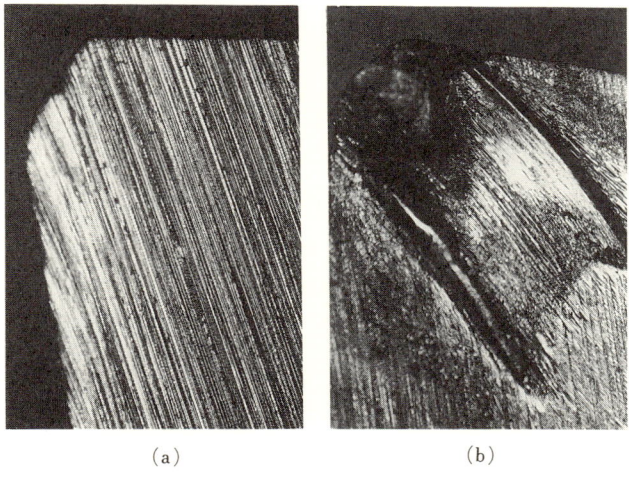

(a)　　　　　　　　(b)

図 2.18　切削時間の経過による刃先のすくい面摩耗の変化

れ刃をワイヤカット放電加工機によって削り出し，組み立てホブを製作した．このワイヤカットで削り出した工具の切削性を調べるため，工具鋼，超硬の工具をワイヤカット法で製作し，S45C材，φ100 mm の丸棒を外径の減少に対して切削速度がいつも同じであるように注意しながら，従来の市販の研削工具，超硬工具との切削抵抗や摩耗の進行度を工具顕微鏡で調査した．この実験は，図 2.18 のように切削時間 30 分ごとに刃の摩耗写真を撮影し，切削抵抗などを整理している．したがって，30 分の切削試験を日々新たに行なった．30 分ごとの温度などの切削条件は同じで，しかも被削材の外径の変化も 10 mm 越えないよう留意した．

その際，切削時間の進行とともに，切りくず形状が図 2.19 のように変化した．すなわち，コイル状の切りくずのコイル半径が切削時間の経過とともにだんだん小さくなっていった．これは，ワイヤカットバイト，研削バイトに共通に見られる現象であった．研究に携わった大学院生，学部学生諸君らとこの原因について議論し，その原因を突き止めることができた．切りくずのコイル径減少の原因は何だろうか．

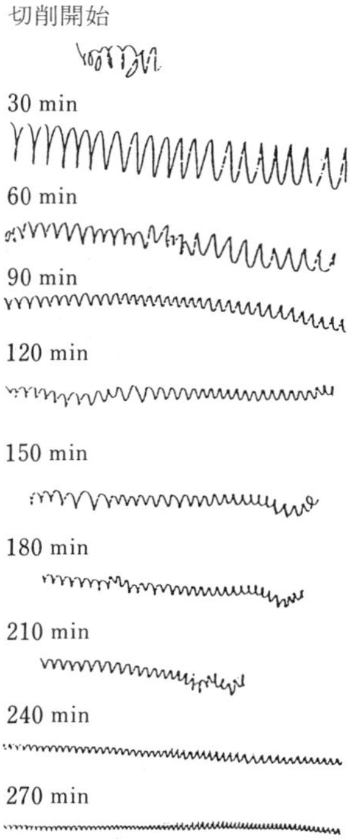

2.3.4 チップブレーカ

切削加工の目的からすれば，切りくずはまさにくずであり，できた切りくずを邪魔にならないように排出することは切削作業能率を保つために絶対必要である．切削加工を自動化できるかどうかは，切りくず処理を無人化できるかどうかで決まることが多い．切りくずを長く排出させて加工物や工具に絡まるのを防ぐ目的で工具にチップブレーカを付けることがある．工具すくい面に切れ刃に沿って溝を入れる方法がその基本形である．

図 2.20 に，超硬スローアウェイバイトに付けられたチップブレーカの写真を示す．切りくずとこのチップブレーカとの関係を単純化してみると図 2.21 のように表現できる．切りくずは，チップブレーカによって丸められ，

図 2.19 切削時間の経過による切りくず形状の変化

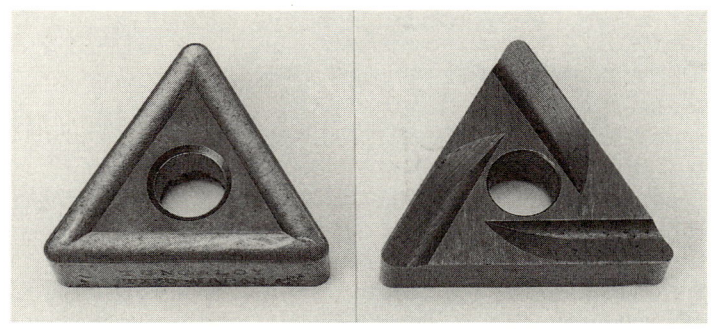

図2.20 超硬スローアウェイバイトに付けられたチップブレーカ

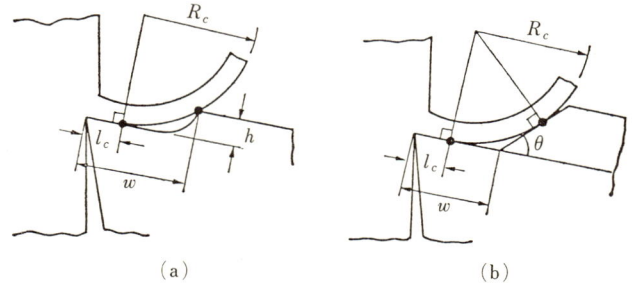

図2.21 切りくず流出半径

切りくずの根本に曲げモーメントが加わり切断される．この図から，切りくずが円弧を描くと考えて，この切りくず流出円の半径 R_c を求めると，

$$R_c = \frac{(w-l_c)^2}{2h} + \frac{h}{2} \tag{2.8}$$

このとき，次の2条件が満たされているとする．
(1) 切りくずが工具すくい面を離れる点ですくい面に接する．
(2) チップブレーカの肩を通るか斜面に接する．

この計算には，切りくずの弾性変形は考慮していないので，チップブレーカを離れた後の切りくずカールの半径は，この弾性変形分だけ大きくなるが，一般にその量は10％以下で，余り問題にならない．

☆ ☆ ☆ chat room ☆ ☆ ☆

　問題 2.5 で紹介したコイル状の切りくずのコイル半径が切削時間の経過とともにだんだん小さくなっていった現象は，チップブレーカで説明できる．この切削実験の際に，すくい面摩耗が時間とともに深くなっていった．切りくずのコイル径の切削時間に伴う減少の原因は，このすくい面のクレータ摩耗の進行がチップブレーカを形成しながら図 2.21 の幅 h を徐々に大きくしていったことが原因であると結論づけられる．
　チップブレーカの発明は，筆者らと同様なクレータ摩耗の進行による切りくずカール径の減少の観察によってなされたのではないだろうか．このチップブレーカの発明は，機械工作の分野では非常に大きな役割を果たしている．

2.3.5 切削抵抗

　切削加工は，加工物内に高い応力を発生させて破壊，分裂を起こさせる加工法であるから，加工物と工具の双方に作用，反作用の力が働いてつり合っている．この力を切削抵抗，あるいは切削力という．この力を知ることは，工作機械，工具の設計に必要であるばかりでなく，加工物の変形，仕上げ面粗さの劣化，加工時の振動・騒音の原因を突き止めることにもなる．

　切削現象は，工具からの大きな力によるせん断破壊である．この切削力を工学の立場から解析する．切削のように複雑な現象を考えるときには，まずなるべく単純な場合について考え，これに順次，条件を加えて現実に近づけていくのが常道である．最も考えやすい切削は二次元切削 (orthogonal cutting) で，「一つの直線切れ刃を持つ切削工具をその切れ刃と直角方向に動かして，その切れ刃と平行な初表面を持つ加工物を削る」ものである．この場合には，変形は切れ刃と直角な断面内で起こる．すなわち，平面ひずみ状態であり，切削力もこの平面内にあるから，変形状態や力の方向をこの断面上に描くことができる．ただし，切削幅の両端近傍では三次元的な変形が起こるから，切取り厚さに比べて切削幅が充分 (10 倍以上) 広くないと，端の影響は無視できない．ここで，切削幅は削り取られる切りくずの幅を考えてよい．以下の議論では，二次元切削について考えるものとする．

金属切削で発生する切りくずの形が長手方向に変動せず滑らかなものを流れ形切りくず (flow type chip) という．この切りくずができるときには変形状態が常に一定であるから，切削抵抗が変動せず，したがって仕上げ面が平滑である．基本的には，最も望ましい切削状態のときの切りくず形状である．そこで，この切りくずが発生する状態で切削抵抗を議論する．

この切りくずは，図 2.22 に示すように加工表層の h の部分が刃先から斜め上方に向かうせん断面と呼ばれる一つの平面，正確には図中に斜線を施したせん断領域と呼ばれる厚さのある領域を通過する間に，図中に印した格子の形でわかるような変形を起こすことによってつくられる．金属一般の塑性変形と同様に，この場合の変形も完全に連続的に起こることはなく，微視的に見れば図 2.23 のように間欠的な滑りがせん断面に沿って起こっているが，その滑りの間隔が充分に狭いので，連続的に滑りが起こっているとみなすことができる．このときできる切りくずの形状が流れ形切りくずである．

せん断面の傾角 ϕ をせん断角と呼ぶ．その大小は，切りくずの厚さや長さ，したがって切りくずが受けるひずみ，切削抵抗，発熱量の大小と直接関係する．

金属の切削で発生する切りくずは，切りくずになる前と比べると厚くて短いのが普通である．多くの場合，切りくずができるときの変形はほぼ二次元的であり，切削幅方向への横広がりは無視できる．また，金属は変形しても体積はほとんど変わらないから，切削の前後で切りくずの体積は同じ

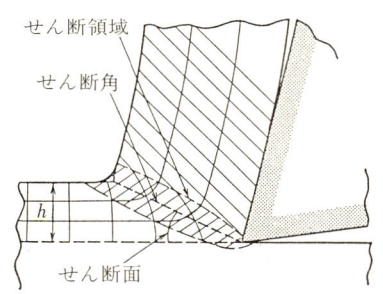

図 2.22　流れ型切りくずの生成

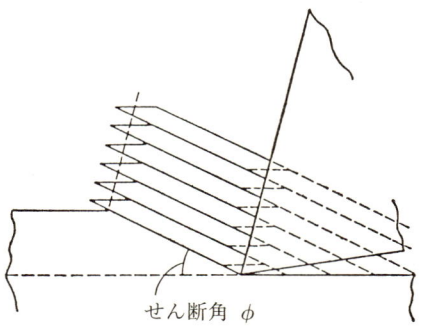

図 2.23　間欠的滑りによる切りくずの生成

2.3 切削工学の紹介

であるとすると，図 2.24 に示すように，切取り厚さを h，切削距離を L，切りくず厚さを h_c，切りくず長さを L_c として，

$$hL = h_c L_c \qquad (2.9)$$

したがって，

$$\frac{h}{h_c} = \frac{L_c}{L} = C_h \qquad (2.10)$$

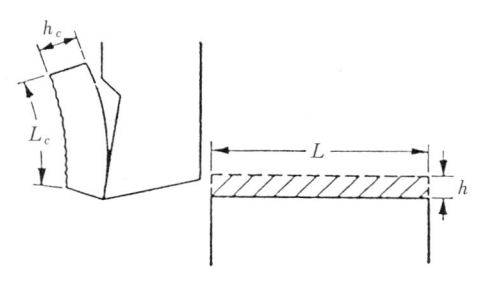

図 2.24 体積一定の条件

この比 C_h は，切削比 (cutting ratio) と呼ばれ，切りくずが受けた変形の程度，したがって切削の良否の目安にもなる重要な量である．

せん断角と h および h_c の間には，図 2.25 からわかるように次の幾何学的関係がある．

$$\frac{h}{\sin\phi} = \frac{h_c}{\cos(\phi - \gamma)} \qquad (2.11)$$

ただし，γ はすくい角である．これを ϕ について整理し，h/h_c を切削比 C_h で示すと，次式が得られる．

$$\tan\phi = \frac{C_h \cos\gamma}{1 - C_h \sin\gamma} \qquad (2.12)$$

したがって，すくい角 γ がわかっていれば，切削比を求めることによってせん断角を算出できる．

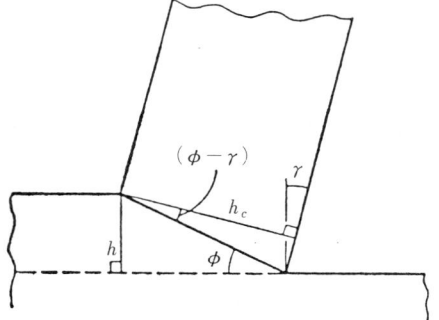

図 2.25 h と h_c との幾何学的関係

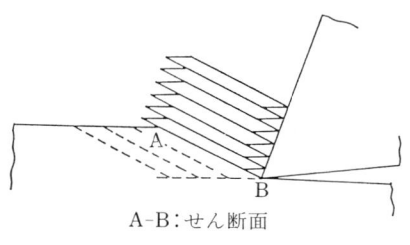

さて，図 2.26 に示すような流れ形切りくずができるせん断滑りを起こすためには，図 2.27 に示す切削抵抗 R のせん断面方向の分力 F_s ($= R\cos\omega$，ただし ω は R とせん断面のなす角) によってせん断面に生ずる

A-B：せん断面

図 2.26 せん断滑りによる流れ型切りくずの生成

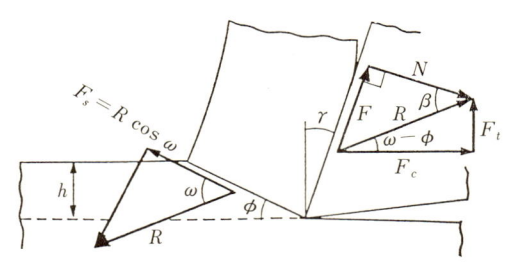

図 2.27 二次元切削モデル

せん断応力が，この被削材のせん断変形応力 τ_s に等しくなければならない．このことを式に書くと，切削幅を b，切取り厚さを h，せん断角を ϕ とすれば，せん断面の面積は $bh/\sin\phi$ であるから，

$$\frac{R\cos\omega}{bh/\sin\phi} = \tau_s \tag{2.13}$$

したがって，切削抵抗 R の大きさは次式を満たすはずである．

$$R = \frac{bh\tau_s}{\sin\phi\cos\omega} \tag{2.14}$$

なお，図 2.27 の工具側に示したように，すくい面に立てた垂線と R とのなす角，すなわち摩擦角を β とすると，すくい角 γ と ϕ，β および ω との間には幾何学的に次の関係のあることがすぐわかる．

$$\omega = \phi + \beta - \gamma \tag{2.15}$$

切削抵抗の主分力 F_c と背分力 F_t は，次式のようになる．

$$F_c = R\cos(\omega - \phi) = bh\tau_s(\cos\phi + \tan\omega) \tag{2.16}$$

$$F_t = R\sin(\omega - \phi) = bh\tau_s(\cos\phi + \tan\omega - 1) \tag{2.17}$$

これらの抵抗を示す式の中で，b，h および γ は作業者が設定するもので，一般に既知であり，せん断変形応力 τ_s は被削材質によって一応，材料試験などによって求められている量である．したがって，式 (2.12) より切削比によってせん断角を求めれば，ω（または β）がわかれば切削抵抗やその分力を知ることができる．ω は，中山によって実験的に次のように与えられている．

$$\omega = 53.5° - \frac{4}{15}\gamma° \tag{2.18}$$

【問題2.6】
　前項で誘導した切削抵抗の式をもとに，切削抵抗を具体的な切削条件のもとで計算する．

　直径 200 mm，幅 10 mm の軟鋼円盤をすくい角 15°の平バイトで二次元切削を行なった．回転数 175 rpm，切込み 0.2 mm であった．このとき，長さ 50 mm の切りくずの質量は 2.12 g であった．軟鋼の密度を 7.84×10^3 kg/m^3，せん断強さを 52 kgf/mm^2 として以下の諸量を計算せよ（力については，自分の体重との比較を実感するため，まず kgf の単位で表現し，それを SI 単位に換算せよ）．

　① 切りくず厚さ，② せん断角，③ 切削抵抗合力，④ 主分力，⑤ 背分力
　このとき，合力とせん断面とのなす角 ω は，すくい角を γ として実験的に

$$\omega = 53.5° - \frac{4}{15}\gamma° \tag{2.19}$$

で表わすことができる．

2.4　旋盤によるねじの加工方法

　ねじは，英語で screw と訳される．これは，日本では船舶の推進機のことである．船舶だけでなく飛行機のプロペラや発電機，原子力駆動の船舶のタービンブレードもねじであって，1回転当たりの進み距離（ピッチ）も存在する．さらに，ねじは工作機械の送り装置や自動車のミッションギヤ，ハイポイドギヤやエレベータ，エスカレータ用のウォームギヤなどの歯車歯面の形状など，あらゆる機械要素として利用される．それゆえ，旋盤で直線切れ刃を持つ工具によって加工される台形ねじは，上述したより複雑な各種ギヤなどの加工法，あるいは解析の基礎となるものである．

2.4.1　旋盤によるねじの加工原理

　図 1.4 のレオナルドのねじ切り盤のスケッチを検討しよう．工具台には主ねじにかみ合う雌ねじが設置されていて，2本の主ねじによって送られる．加工物は真ん中の棒である．右端の換え歯車を旋盤の下に置いてある四つの歯車に取り換えることにより，加工物である棒は送りねじに対して換え歯車の与える回転比のもとで回転する．したがって，主ねじによって送られた工具切れ刃は，主ねじのピッチに対して換え歯車で与えられた回転比によって決まるピッチのねじを加工物に加工する．例えば，換え歯車によって主ねじと加工物の回転比が 2:1 に決定されるなら，加工物のねじのピッチは主

第2章　旋盤の構造と切削加工

ねじのピッチの2倍になる．

さて，現在の旋盤の歯車列（図2.2）を見てみよう．まず，電動機の回転をプーリの数本のベルトを介して旋盤の駆動軸に伝え，換え歯車が加工情況に応じて主軸の回転数を種々に変化させる．主軸に被加工物が取り付けられる．歯車の組合せの変換は，スプライン，キー，またはクラッチによる方式がとられている．

主軸は，長い棒状のチャック作業にも便利なようにほとんど中空になっており，先端の外側にはねじが切られ，内側にはテーパが付けられている．テーパにはセンタ，コレットチャックなどを取り付け，ねじ部にはチャック，面盤，回し板などを取り付ける．材質としては，良質のNi-Cr鋼が多く，3点支持が普通である．主軸受には，精度の高い転がり軸受が用いられる．

☆　☆　☆　chat room　☆　☆　☆

　日本人がはじめて西洋の機器に手を触れ，その先進性，破壊力に驚嘆したのは，種子島に漂着したポルトガル船が薩摩の島津家に贈った銃であろう．その後，この銃は種子島銃と呼ばれた．織田信長は，この鉄砲伝来から約30年後，西暦1575年に3000挺の種子島銃を擁して，長篠，設樂原の合戦で，当時日本随一の精強を誇る武田氏の騎馬軍団を粉砕したという．

　エンジニアとしてこの歴史的事実を考えれば，当時，日本には非常に高度な技術を持った技術者集団が存在していたことに思い至る．彼らは，日本各地で刀剣や農機具を製作していた鍛冶に携わる人たちである．当時の日本製の銃の銃身は，日本刀の製法により鍛造によってスパイラル鋼管のように形成され，とても強靭であったという．高度な技術を誇る日本の鍛冶集団も銃身の低部に嵌められていた取外しが自由にでき，かつ火薬の爆発力にも耐えられる「ねじ」にはびっくり仰天し，その加工法には寝食を忘れて取り組んだことだろう．

　銃身に施す雌ねじの製作法は，若い技術者が大根を小刀で削るとき，小刀の刃こぼれが大根に転写されることからタップを思いついたという逸話が「国友鉄炮記」という西暦1633年の古文書に記されているということである[4]．ところで，火縄銃の製造法は一子相伝のものであったことは想像に難くない．国友籐兵衛という鉄炮鍛冶の秘伝書と思われる「大小鉄炮張立製作方法」という古文書が残されている[5]が，ねじの製作法については非常に簡単にしか記されていない．しかし，この古文書の記述からタップを手づくりしたことは伺える．

　前章で紹介したように，この同時期にイタリアでは，レオナルドが近代旋盤の基本形である任意のピッチのねじ切りが可能な旋盤のアイデアや，雌ねじ用の自動タッピングマシンのアイデアのスケッチを描いていたのである．

2.4 旋盤によるねじの加工方法

普通旋盤やこれを原型とした ねじ切り盤や ねじ研削盤では，ウォームギヤのウォームを加工する場合がある．ウォームは worm であって「芋虫」である．ねじをこのように呼んだエンジニアのユーモアのセンスを感じる．このねじと歯車の対で動力を伝達する 機械要素をウォームギヤと呼ぶ．1:50 以上の高減速比をコンパクトな装置で静粛に伝達できる．身近な使用例としては，エレベータ，エスカレータ，スキー場のリフト，遊園地のメリーゴーランドなどの遊具などが挙げられる．

普通旋盤で加工される台形ねじ をウォームとして，このウォームと同形の工具で相手歯車を加工するウォームギヤについて考えてみよう．ウォームの軸を含み相手歯車の軸に直交する断面で，このウォームギヤの かみ合いを観察すると，台形ねじ の断面は直線歯形のラックが平行運動を行なっており，相手歯車はこのラックにより創成されるインボリュート歯形歯車になる．そこで，このラックのピッチは $m\pi$（m は歯車のモジュール）になる．普通旋盤では，このようにウォームを加工できるよう π を表現できるような換え歯車の組合せを用意すればよい．$22/7 = 3.143$ になり，$m = 1$ の場合，ピッチ誤差が $1.3\,\mu\mathrm{m}$ のウォームをこの換え歯車の組合せで加工できる．

☆　☆　☆　chat room　☆　☆　☆

　中央断面内での断面形状が，上述のようにラックとインボリュート歯車のかみ合いになっているからといって，台形ねじとインボリュートはすば歯車の組合せで理論的に正しい運動伝達を行なわせることはできない．すぐばインボリュート歯車と台形ねじ の対を考えてみれば，進み角の不一致はすぐに思い浮かぶ．三次元の機構学が難しく，また面白いところである．

　理論的に正しい運動伝達を行なわせるには，両歯面の接点で法線が一致し，かつその法線が接点における両歯車の速度ベクトルの差のベクトル（相対速度ベクトル）に直交しなければならない．しかし，ウォームを鋼材にし，相手の歯車がプラスチックスであるものや，大型でなじみやすい材料の組合せの場合では，中央の 1 点で進み角と圧力角を一致させた台形ねじとはすばインボリュート歯車の かみ合わせで充分実用に耐え得るウォームギヤを構成できる．なお，ねじ は機械要素の名称で，ねじ面は力を伝える部分をいう．

2.4.2 旋盤で加工されるねじ面の解析

前項で旋盤の重要な加工品の一つがねじであることを紹介した．ここでは，旋盤を用いて理論的に直線で加工されるねじ面の形状や工具のセッティングの誤差による形状の変移を解析的に求める，いわゆる誤差解析を行なう．これらの手法は，ねじのみならず自動車のミッションギヤ，ハイポイドギヤ，エレベータ，エスカレータ用のウォームギヤなどの複雑な形状で，それゆえ加工法もより複雑な各種ギヤあるいはタービンブレードなどの解析の基礎となるものである．

【問題2.7】
(1) 理論的に直線で加工されるねじである台形ねじおよびら旋階段状ねじの形状の立体図を描け．前者は，含軸断面状の圧力角が20°，30°などであるのに対し，後者のそれは0°である．
(2) 台形ねじおよびら旋階段状ねじの形状の含軸断面，および軸直角断面形状を描け．

2.4.3 初等幾何の手法によるねじ面の解析

初等幾何の手法を用いて台形ねじの軸に直角な断面形状を解析的に求めよう．図2.28に，直線工具と加工物との関係を示す．図2.29は，直線工具と加工物の軸およびその軸に直交する平面との関係を描いたものである．

さて，直線工具と軸直角断面（平面）とがどのような軌跡を描いて交わっていくかを数式で表現しよう．この軸直角断面（平面）は，加工物であるねじとともに回転するものと考えれば，この軌跡がねじ軸に直角な断面形状になる．実際の加工を考えれば，この軌跡の外側は直線工具によって削り落とされてしまうからである．

いま，図2.29において直線工具を延長して，ねじ軸との交点をAとする．工具直線はねじ軸上をABのように移動する．加工物であるねじのピッチをP，傾斜角

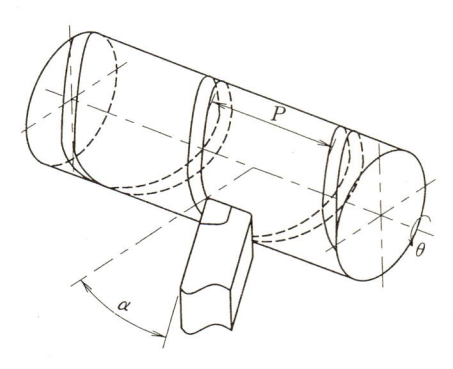

図2.28 直線工具と加工物との関係

（直線工具の取付け角）を図 2.29 に示す角 α とする．加工物の θ 回転に伴い直線工具が図示の方向に S 進むとする．このとき，被加工ねじは右上がりの右ねじが切られることになる．直線工具と軸直交平面との交点は AC 上を移動する．この状況を真上から見た図が図 2.30 である．いま，直線 AC 上の交点の移動距離を $r = \mathrm{AC}$ とすれば，

$$r = \frac{S}{\tan \alpha} \quad (2.20)$$

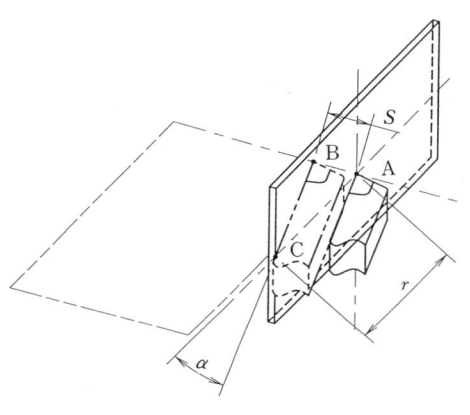

図 2.29 直線工具と加工物の軸および軸直角平面との関係（理論的な解析のため加工物の軸と工具が一致している）

直線工具が，ねじの θ 回転に対して S 進み，2π 回転に対して 1 ピッチ進むとすれば，

$$\theta = \frac{2\pi}{P} S, \quad S = \frac{\theta}{2\pi} P \quad (2.21)$$

よって，

$$r = \frac{P}{2\pi \tan \alpha} \theta \quad (2.22)$$

軸直交平面上で，交点はねじの θ 回転に対して式 (2.22) で表わされる r の量だけ軸心から遠ざかる．以上より，式 (2.22) は加工物であるねじ面の軸直角断面形状の極座標表示であるといえる．この形状は動径 r が角 θ に比例するら旋で，

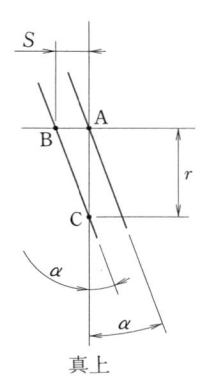

図 2.30 直線工具と軸の上面図

$$r = k\theta \quad (2.23)$$

と表現できる．ここで，

$$k = \frac{P}{2\pi \tan \alpha} \tag{2.24}$$

この式は，極座標表示で最も簡単な形式である．直線で加工されるねじ面の断面形状がこの式で表わされるら旋であることはギリシアの数学者アルキメデス（Archimedes）によってはじめて明らかにされた．そこで，このら旋はアルキメデスのら旋（Archimedes' spiral）と呼ばれている．

☆　☆　☆　chat room　☆　☆　☆

アルキメデス（B. C. 287頃～B. C. 212）は，お風呂に入っていて浮力を思いついたとか，てこの原理を研究し，「もし地球に足場があれば，地球を動かせて見せる」ともいったとかいう逸話が残っている[6]．彼は，旋盤で加工されるねじを研究し，このねじを円筒の筒の中に入れたポンプを発明したとも伝えられる[6]．このポンプは，日本では江戸時代，佐渡の金鉱で排水を汲み上げるポンプとして「龍筒」の名で用いられたという記録がある[4]．

現在でも，このポンプはプラスチックスの射出成形機による原料ペレットの撹拌，溶融，運搬に用いられている．また，マンションの建設現場や海辺や河川の浚渫工事現場で電柱大の筒をよく見かけるが，あれはこのポンプであって，地中や水底の泥濘を汲み上げているのである．

【問題2.8】

（1）旋盤でねじを切る図から始めて，軸に直角な平面と直線工具の交点の軌跡を数式で表現せよ．この軌跡の外側は，工具により切り捨てられるから，この軌跡が，すなわち加工されるねじ面の軸直角断面形状になる．

（2）α およびピッチ P の誤差によって形状がどのように変化するかを式から予測せよ．圧力角 α およびピッチ P の変化に伴って，この断面形状がどのように変化するかを図を描いて示せ．

2.4.4　ベクトルおよび座標変換の手法によるねじ面形状の解析

加工されたねじ面や歯車歯面の形状を求めたり加工に附随する工具干渉を調べる問題はベクトルを用い，その成分を座標に表わすことによって厳密に解析できる．以下に，この手法を用いて工具に設定誤差がある場合のねじの含軸断面，および軸直角断面を求めよう．

いま，図2.31に示すように前項のねじ切りの状況を表わす図に，ねじ軸を

X 軸とし，直線工具が乗る平面を XY 平面とするように静止右手座標系 $O-XYZ$ を設定する．この座標系に対して，x_1 軸を X 軸に一致させ，加工物に固着して回転する座標系 $O\text{-}x_1y_1z_1$ を設定する．加工物の回転角を θ で表示すれば，二つの座標系間の関係は，

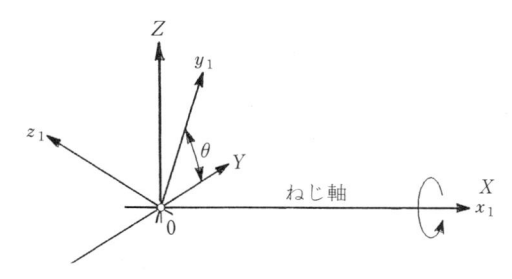

図 2.31 ねじ切り解析のための座標系の設定

$$X = A_1 X_1 \tag{2.25}$$

$$A_1 = \begin{bmatrix} 1 & 0 & 0 \\ 0 & \cos\theta & -\sin\theta \\ 0 & \sin\theta & \cos\theta \end{bmatrix}, \quad X_1 = A^{-1} X \tag{2.26}$$

と表現できる．一方，直線工具は静止座標系によって，

$$X = \begin{bmatrix} -P\theta/2\pi \\ 0 \\ 0 \end{bmatrix} + \lambda \begin{bmatrix} -\sin\alpha & 0 \\ \cos\alpha & +0 \\ 0 & \varDelta Z \end{bmatrix} \tag{2.27}$$

ここで，λ は工具直線の長さを表わすパラメータである．また，$\varDelta Z$ はバイトの設定誤差であり，ねじ軸より $\varDelta Z$ だけずれて設定されたことを表わしている．式 (2.26) により，この直線をねじとともに回転する座標系に変換して，

$$X_1 = \begin{bmatrix} -P\theta/2\pi \\ \varDelta Z \sin\theta \\ \varDelta Z \cos\theta \end{bmatrix} + \lambda \begin{bmatrix} \sin\alpha \\ -\cos\alpha\cos\theta \\ \cos\alpha\sin\theta \end{bmatrix} \tag{2.28}$$

式 (2.28) は，λ，θ をパラメータとする被加工ねじ面を表わす式である．このねじ面の含軸断面は，式 (2.28) において，$Z_1 = 0$ とおいて，

$$\lambda = -\frac{\varDelta Z}{\cos\alpha\tan\theta} \tag{2.29}$$

この λ を X_1，Y_1 座標に代入して，含軸断面曲線を得る．

$$\left.\begin{array}{l}X_1 = -\dfrac{\Delta Z}{\tan\theta} - \dfrac{P\theta}{2\pi} \\ Y_1 = -\dfrac{\Delta Z}{\sin\theta}\end{array}\right\} \qquad (2.30)$$

あるいは，$\Delta Z = 0$ のとき，

$$X_1 = -\tan\alpha\cos\theta\, Y_1 - \dfrac{P}{2\pi}\theta \qquad (2.31)$$

式 (2.31) は，$\theta = n\pi$ ($n = 0, 1, 2\cdots\cdots$) に対して，傾き角 α の台形ねじの直線を表現している．

同様に，軸直角断面形状は，$X_1 = 0$ とおいて，

$$\lambda = \dfrac{P\theta}{2\pi\sin\alpha} \qquad (2.32)$$

この式を式 (2.30) の Y_1, Z_1 に代入して

$$\left.\begin{array}{l}Y_1 = \dfrac{P\theta}{2\pi\tan\alpha}\cos\theta + \Delta Z\sin\theta \\ Z_1 = \dfrac{P\theta}{2\pi}\sin\theta + \Delta Z\cos\theta\end{array}\right\} \qquad (2.33)$$

式 (2.33) により求めた工具に Z 軸方向の設定誤差が存在する場合の含軸断面形状の計算結果を図 2.32 に示す．

図 2.33 は，直線工具により加工されたねじ面の断面形状を計算によって求めて，このねじの模型を製作したものである．まず，ねじ面の軸直角断面形状を求め，ケント紙などに画いて切り取る．この断面形状をケント紙の厚さに相当するねじの回転角だけずら

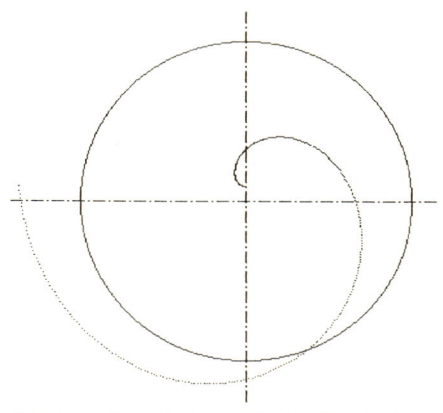

図 2.32 ねじ軸と工具直線に設定誤差がある場合のねじの軸直角断面の計算結果

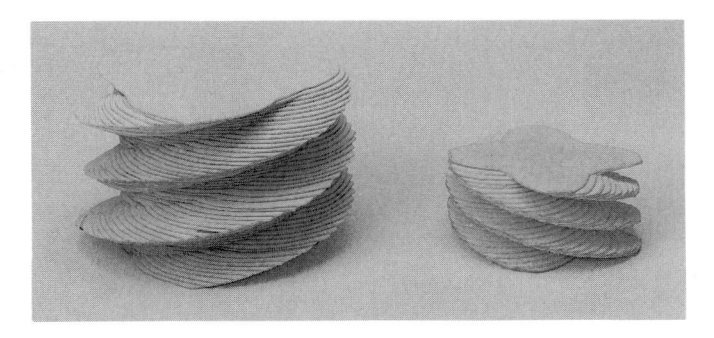

図 2.33 軸直角断面形状の計算に基づいて製作したねじ面の模型

して張り合わせたものである．

【問題 2.9】
　直線工具により加工されたねじ面の断面形状を計算によって求めて，このねじ面の模型を製作せよ．

参考文献

1) 中山一雄：切削加工論，コロナ社 (1978).
2) 小関智弘：大森界隈職人往来，岩波書店 (1996).
3) M. Maki, S. Yamada & I. Midorikawa : "A Study on Hob for Hourglass Worm by Wire Cut E. D. M.", 2eme CONGRES MONDIAL DES ENGRENAGES, PARIS (1986).
4) 奥村正二：火縄銃から黒船まで，岩波新書，岩波書店 (1970).
5) 葉山禎作 編：日本の近世 (4) 生産の技術，中央公論社 (1992).
6) 平田 寛：失われた動力文化，岩波新書，岩波書店 (1976).

第3章 穴あけ加工

3.1 はじめに

物に丸い穴をあけるということは遠い昔から人類が行なってきた作業である．われわれ自身にとってみても，紙に穴をあけて綴じたり，木材やあるいは食材に穴をあけた何らかの記憶はある．図3.1にエジプト墓窟の壁画の世界最古の穴あけ図を紹介する．

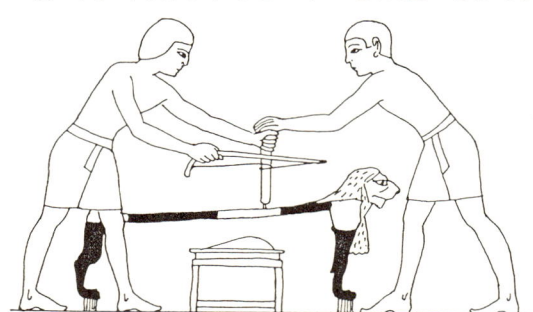

図3.1 エジプトの壁画から起こした大工の穴あけ図（線図）（紀元前1450年頃のテーベ遺跡）

現代の工作機械の原型である中ぐり盤のアイデアが約500年前にレオナルド・ダ・ヴィンチにより描かれている．このスケッチは第1章の図1.3で紹介した．産業革命は，蒸気機関による動力革命ともいわれるが，1775年のウイルキンソンの中ぐり盤の発明（図1.7参照）の結果，シリンダ内径の精密な加工がワットの蒸気機関の実用化に大きく寄与したことは有名である．

ツイストドリル（図3.2）のアメリカ特許[1]は1863年にモー

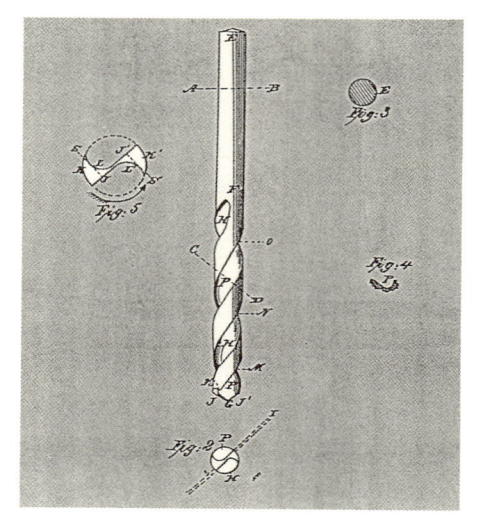

図3.2 ツイストドリルのアメリカ特許[1]

ス (S. A. Morse) により出されている．右ねじれ溝を設け，現在のツイストドリルと基本的にはまったく同じ形状を持っている．ブラウン・シャープ社が 1862 年に万能フライス盤を開発し，正確なねじれ溝の加工が可能になり，ツイストドリルの実用化をうながした．また，1840 年代にボール盤が開発され，ドリルの需要が増していった．

この頃，世界中で起こった植民地戦争，南北戦争（内戦）が銃器の需要を増大させ，ドリルやボール盤のみならず，工作機械全般の発展に拍車をかけたことは否めない歴史的事実である．

3.2 ボール盤

穴加工に使用される工作機械をボール盤（drilling machine）という．ボール盤は，主軸が定位置で，工作物の位置を水平に移動して穴あけ場所をきりの真下に持ってくる直立ボール盤（upright drilling machine）と，主軸を水平に移動させてきりを穴あけ場所の真上に持ってくるラジアルボール盤（radial drilling machine）の 2 機種に分けられる．

図 3.3 に直立ボール盤の説明図を示す．テーブル（table）は，コラム（column）に沿って上下すると同時に旋回できる．小物の工作物はテーブル上に固定して工作するが，大物のときには，テーブルを横に回して直接工作物をベースの上に固定して加工する．テーブルおよびベース上の断面が T 形の T 溝は工作物を固定するためのものである．主軸（ドリル軸）の駆動モータおよび伝動装置の部分を箱形にして主軸頭（spindle head）としている．小

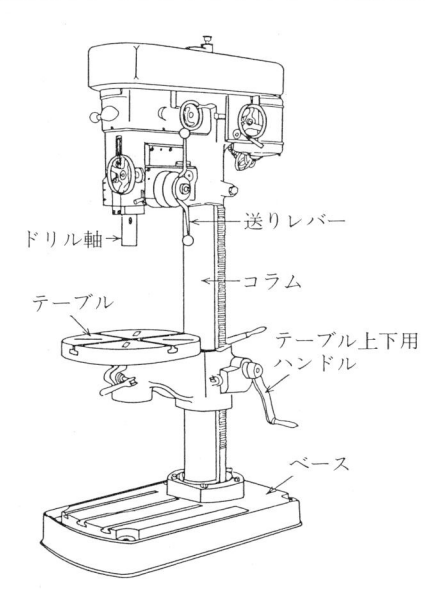

図 3.3　直立ボール盤（JIS B 0105）

第3章 穴あけ加工

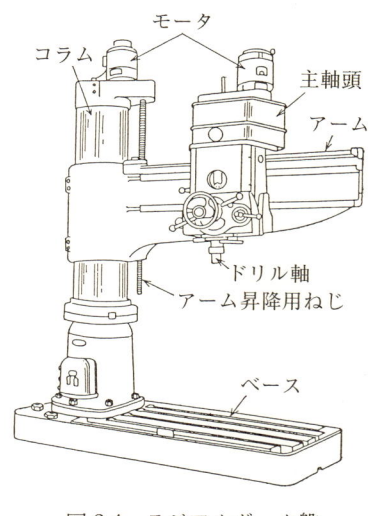

図3.4 ラジアルボール盤
(JIS B 0105)

歯車とラックによって主軸スリーブに送りを与えるようになっている．送り装置には，自動送り変換，自動かけ外し，手送り，微細送りなどの機能を備えている．主軸端はモールステーパの穴を持ち，ここにドリルまたはチャックを取り付けて工作を行なう．モールステーパは JIS B 4003 による．

図3.4 に，ラジアルボール盤の説明図を示す．工作物が大きくなると，工作物を動かすよりもボール盤の主軸の位置を移動させた方が便利である．そのために，主軸の位置を極座標の要領によってコラムのまわりの回転とアーム上の左右の移動，さらにはアームのコラムに沿う上下移動によって，工具を所定の場所に持ってくるようにしたものがラジアルボール盤である．主軸頭には主軸駆動装置があって，主軸変換，正逆運転，自動送り，早送り，早戻し，手送りが簡単な操作で行なえるようになっている．

ラジアルボール盤では，主軸はコラムに対して片持ちばりによって支えられているから，加工精度を高めるためにコラムやアーム，その他の各部分は非常に大きな剛性を持つようにつくられている．

3.3 ドリルの種類

ボール盤を用いて，回転する工具によって工作物の内径を加工することを総称して穴加工という．穴加工は，使用する工具によって穴あけ (drilling)，リーマ加工 (reaming)，沈め穴あけ (counter drilling)，タップ立て (tapping) などに分類される．図3.5 にこれらの穴あけ加工の概要を示す．

リーマは，きりであけられた穴の真円度，真直度を改善するために，ボール盤に取り付けて用いられる工具で，タップは下穴としてあけられた穴にね

3.3 ドリルの種類

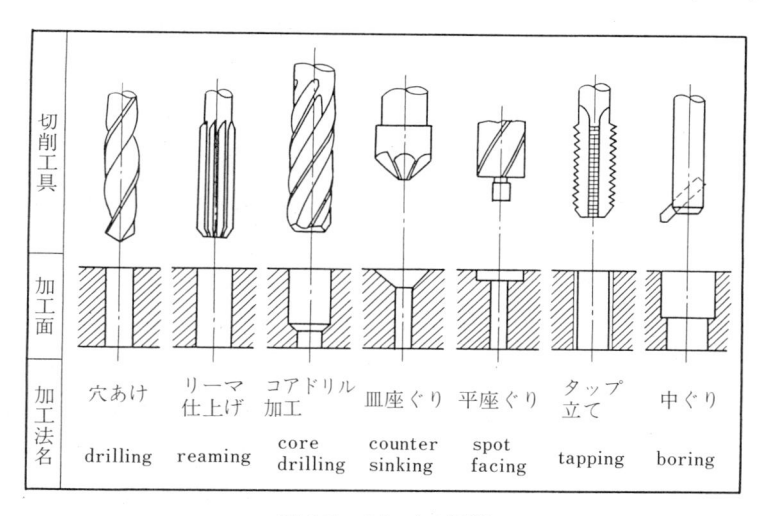

切削工具							
加工面							
加工法名	穴あけ	リーマ仕上げ	コアドリル加工	皿座ぐり	平座ぐり	タップ立て	中ぐり
	drilling	reaming	core drilling	counter sinking	spot facing	tapping	boring

図 3.5 穴加工の種類

じを立てる工具である．コアドリル加工は，鋳放しの穴や下穴のあいた穴を拡大したり，仕上げを行なう穴加工をいう．座ぐりは，ボルト穴をあけ，ボルトの頭が入る部分を同時に座ぐりするドリルである．中ぐり用ドリルは，軸に出入りを調節できるバイトを差し込み，穴径を任意に変えて穴加工できる．

　穴加工に広く使用されているドリルをツイストドリル（twist drill）という．ねじりドリルともいうが，ドリル全体がねじになっている．図 3.6 に，比較的よく使われるドリルの種類を紹介する．

　ドリルの材料としては，高速度工具鋼やそれに TiN や粉末ハイス（高速度鋼）をコーティングする方法が開発されてきたが，優れた鋼用の超硬チップが開発されるようになり，先端刃部に超硬チップをろう付けしたドリルが使用さるようになった．これを付け刃ドリルという．

　旋盤作業では，丸棒をチャックに固定して外周切削を行なう際に，他端を心押し台で支える．この心押し台のセンタ先端が入る穴をあけるのがセンタドリルである．また，穴位置精度および真直度を出すには，前加工としてもみつけを行なう必要がある．センタ穴ドリルは，このもみつけを行なう際

(a) むくドリル

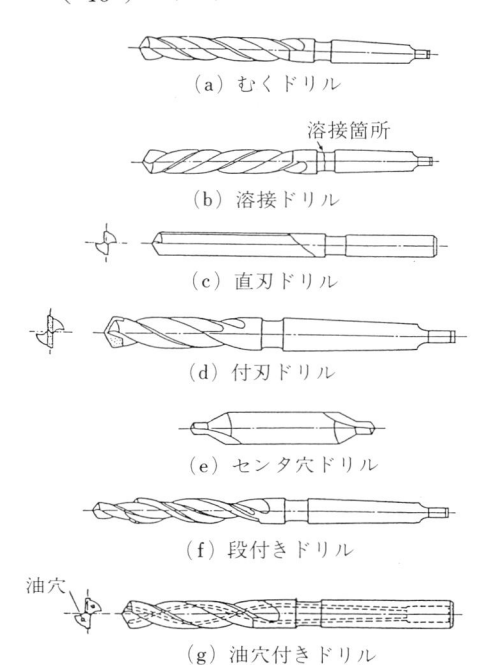

(b) 溶接ドリル 溶接箇所

(c) 直刃ドリル

(d) 付刃ドリル

(e) センタ穴ドリル

(f) 段付きドリル

(g) 油穴付きドリル 油穴

図3.6 ドリルの種類

にも用いられる．

　先端部に段を付けて同軸上に径の違う二つ以上の穴を同時に加工できるようにしたドリルを段付きドリルという．段部は，角度を付けたものと平らなものがある．

　油穴付きドリルでは，切削油を刃先まで送るようにドリル内部に油穴をあけたもので，深穴加工に適している．刃先逃げ面に穴があいていて，ここから切削油が出てくるようになっている．

3.4 ドリルの切削機構

　図3.7にツイストドリルの各部の名称を示す．また，図3.8にドリル先端部の形状とその名称を示す．ドリルは，他の工具に比べて以下の不利な条件にさらされているため，この短所の克服に特別の考慮を払って設計され，改良されてきた．

① 切りくず排除の困難性．
② 切れ刃の切削熱の冷却の困難性．
③ 工具が長いことによる剛性の弱さに起因する加工時の振動．
④ 切れ刃の半径位置により切削速度が変化し，特に中心部が死点になる．

　特に，切りくずが長くなるような延性材料や硬い材料の穴あけでは，上記の四つが問題になる．また，深い穴の加工では，特に①〜③の対策を考え

3.4 ドリルの切削機構

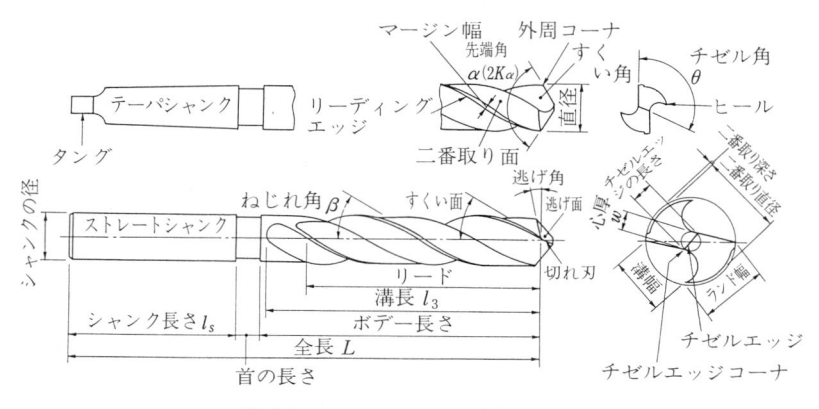

図 3.7 ツイストドリル各部の名称

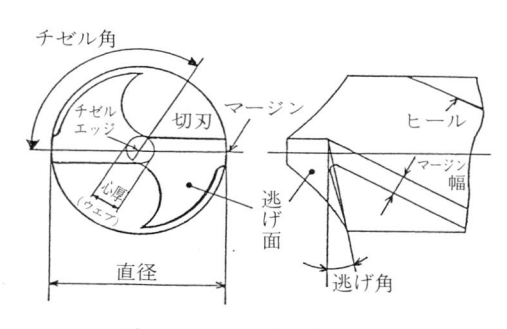

図 3.8 ドリル先端部の名称

て設計された工具が必要になる.

以下に，図 3.7 および図 3.8 に示されたドリル各部について説明する．

(1) ねじれ溝 (flute)

ツイストドリルは，穴あけ工具のうち最も広く使用される代表的なものである．切れ刃は普通 2 枚で，ねじれ溝を持つ．ねじれ溝は，ドリル本体 (body) に掘ってある溝で，ら旋状に付けられている．切りくずの排出用の逃げ道になっている．溝に直角な断面は U 字形をしており，切りくずの排出に好都合のように設計されている．この溝の先端は切れ刃を形成する．普通には，切れ刃が直線で先端角 (point angle) が 118° になるようにねじれ溝のカーブが配慮されている．

(2) シャンク (shank)

シャンク，すなわち柄は，本体につながったドリル切れ刃部の反対側の部分である．シャンクは，ドリルをボール盤に固定する部分で，円筒状のストレートシャンク (straight shank) と円すい状のモールステーパシャンク

(Morse taper shank) が一般に用いられている．本体の高速度鋼（ハイス）に対し，シャンクは通常，中硬鋼を本体に溶接する場合もある（溶接ドリルとむくドリル，図 3.6 参照）．

(3) 主切れ刃 (major cutting edge)

ねじれ溝面と先端の逃げ面によって形成される切れ刃の部分を主切れ刃という．主切れ刃の直線性は溝形状と先端角によって変化する．

ドリルは，先端の円すい部にあるこの 2 本の主切れ刃で切削を行なう．切れ刃は，旋盤のバイトと同じようにすくい面，すくい角および逃げ面，逃げ角を持っている．主切れ刃の すくい面は ねじれ溝面の先端部なので，すくい角は ねじれ溝の 形状により決定される．

(4) マージン (margin)

ねじれ溝部の二番取りされていない陸部をマージンと呼び，被削物の穴の内面と接触しながらドリルを案内していく．ドリル外径は，このマージン部で決定される．

(5) 先端角 (point angle)

左右 2 枚の切れ刃のなす角を先端角という．先端角は回転するドリルの中心を一定の位置に保とうとする働きがある．また，先端角の大小は切削抵抗の大小と切削トルクの大小に関係する．切削力が切れ刃に直角であるとすれば，ドリルの軸方向の成分は押込み力に，また垂直な成分は切削トルクに関係するからである．一般に，先端角が大きいと押込み力は大きくなり，逆に切削トルクは小さくなる．先端角の大小による切削抵抗の関係を図 3.9 に示す．

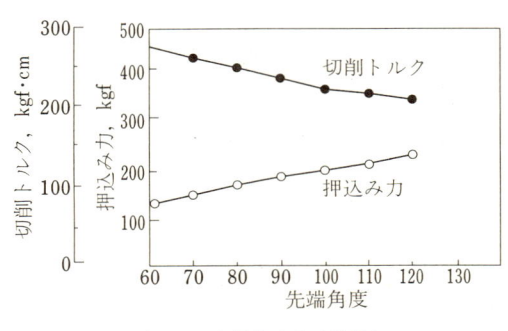

図 3.9 先端角と切削抵抗

(6) チゼルエッジ (chisel edge)

二つの切れ刃の逃げ面の稜線として形成される切れ刃をチゼルエッジという．

3.4 ドリルの切削機構

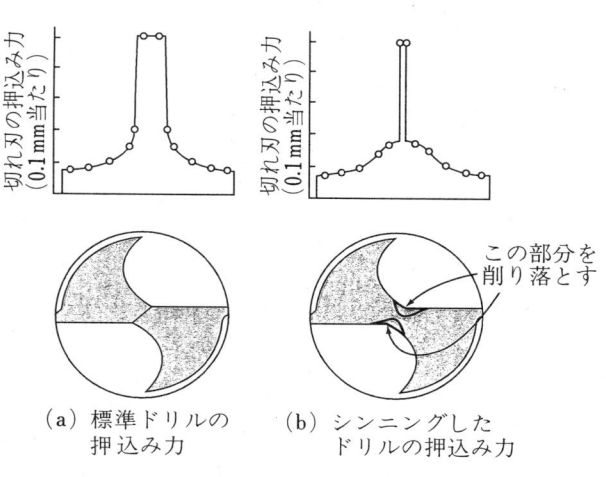

ドリルの頂上をなすドリルの軸に直角な切れ刃である．すくい角が大きな負の値になっており，切れ刃が主切れ刃に比べて極めて小さいにもかかわらず，この部分のスラスト荷重は，全スラスト荷重の40〜50％に達する．

(a) 標準ドリルの押込み力
(b) シンニングしたドリルの押込み力

図 3.10 押込みのシンニングによる効果

　そこで，このチゼルエッジ部の押込み力を少なくするため，シンニング (thinning) という方法が考案された．thin とは薄い，あるいは薄くするという意味の英語である．図 3.10 に，チゼルエッジ部を削り落とすシンニングの方法と押込み力の変化の測定例を示す．

(7) すくい角 (rake angle)

　主切れ刃のすくい角は，切りくずを排出するねじれ溝のねじれ角によって決まる．ねじれ溝のドリル先端部が主切れ刃のすくい面になっているからである．ねじれ角が大きいほどすくい角が大きくなり，切削抵抗は小さくなる．

(8) 逃げ角 (clearance angle)

　主切れ刃の逃げ角は，ドリル先端の円すい部形状により決定される．主切れ刃が摩耗した際には，この先端を円すい形に再研削する．逃げ角は大きい方が送りを大きくして生産性を上げられるが，余り大きくすると切れ刃に微細な欠け，いわゆるチッピング (chipping) を起こしやすくなる．一般に，この逃げ角は 8°〜12° にとられている．

(44)　第3章　穴あけ加工

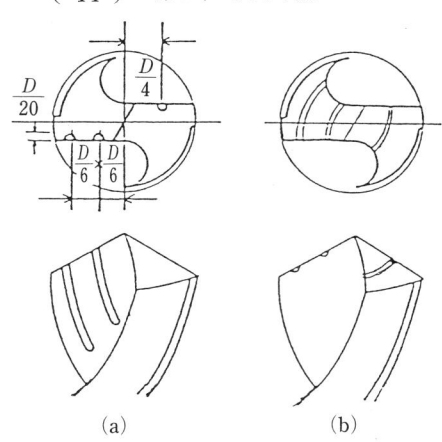

(a) 溝面に切欠きを付けて，切りくずを2～3分割することによって，切りくずを細長くし排出をよくする．加工硬化しやすい材料に適する

(b) (a)のものと同じ働きをするが，これは再研削のたびに切欠きをつくらなくてはならない

図3.11　ニック

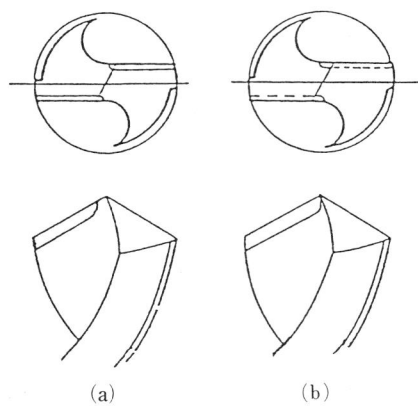

(a) ドリルのすくい面側に凸部を設けて，切りくずを押しつぶして切断する

(b) 切りくずを押しつぶして切断するように，先端に段を設ける．深穴に効果がある

図3.12　チップブレーカ

(9) ニック (nick)

　直径の大きなドリルの場合，ドリルから出る切りくずは幅が広く，カールしたものが連続して出てくる．この切りくずがドリルのねじれ溝の幅の狭い空間を通るとき，排出状態が悪かったりすると，互いにからまったりすることがある．この対策として，切りくずの幅を細くするために，切れ刃の途中に図3.11のように切れ目，切込み(nick)を付ける方法が考案されている．ニックは，普通には図3.11(b)のように，切れ刃から逃げ面へと連なった形状にする．二つの主切れ刃に付ける場合は，中心からの距離をずらして付ける．逃げ面へのニックは再研削ごとに付け直す必要がある．図3.11(a)のように，主切れ刃のすくい面に付けることもある．この方法は，かなりニックの加工が難しい．

(10) チップブレーカ (chip breaker)

　旋盤で使用する超硬バイトのようなチップブレーカを付けて切りくずを切断する方法も実用

3.4 ドリルの切削機構　（45）

されている．図3.12 その説明図を示す．チップブレーカも再研削ごとに付ける必要がある．

【問題3.1】
　ツイストドリルの図を描き各部の名称とその役割を記せ．
【問題3.2】
　（1）ドリル先端部の三次元的な図を描き各部の名称とその役割を記せ．
　（2）ドリルのウェブシンニング，ニック，チップブレーカの図を描き，その役割を説明せよ．

☆　☆　☆　chat room　☆　☆　☆

　ドリルのねじれ溝の先端部は2本の直線切れ刃（主切れ刃）である．そこで，このねじれ溝は図3.13のように，この直線をチゼルエッジの長さ，すなわち心厚（ウェブ）を直径とする円筒に接しながらねじれ角 β でねじ運動させてできるねじ面である．このような直線で構成される曲面を微分幾何学では線織面という．第4章で述べるように，平面で創成するねじ面がインボリュートねじ面（involute helicoid）になる．ドリルのねじれ溝の直線（母線）がウェブ円筒上の進み角 β のら旋に接していれば，このねじれ溝はインボリュートねじ面になる．一般には，ドリルのねじれ溝はインボリュートねじ面ではない．しかし，ねじ面の形状がこのドリルのねじれ溝のように明確にわかっている場合，いい換えれば数式で表現できる場合には，このねじれ溝を研削する砥石の形状をパソコンで求めることができる．

　回転面である砥石がドリルのねじれ溝に沿ってねじ運動を行ないながらねじ面を創成する状況を考えてみよう．砥石回転面が，逆にねじれ溝によって創成されていると考えてもよい．砥石回転面でドリルねじれ溝曲面と干渉し合い，ぶつかり合うような箇所が創成運動により落とされてなくなり，砥石回転面とドリルねじれ溝の曲面とは接し合う．このように考えると，砥石軸のねじれ溝曲面への射影が砥石回転面とドリルねじれ溝の曲面との接触線になる．

　そこで，砥石形状は次のようにして求めることができる．まず図3.14のように，ねじれ溝に直角に研削砥石の軸を決める．このとき，砥石軸とドリルの軸の軸間距離は任意でよい．回転面である砥石断面形状の回転半径を図3.15ように $r_1, r_2, r_3, r_4 \cdots$ とする．これらの回転半径は，砥石軸の各位置で射影を図上で描くとこのようになる．砥石軸に直角な平面でねじれ溝を切断したとき，砥石軸に最も近いねじれ溝の断面曲線の点である．図3.16に回転半径 $r_1, r_2, r_3, r_4 \cdots$ と断面曲線との関係を示す．

　ねじれ溝のねじ面が数式で表現できる場合には，この作業はパソコンで容易に行なえる．

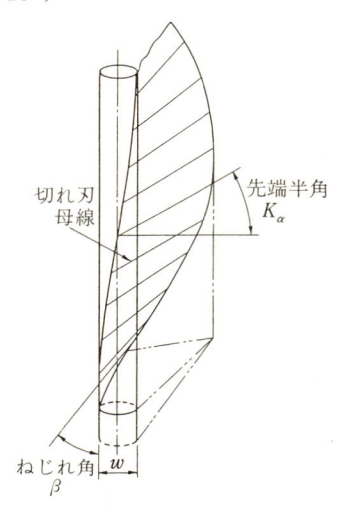

図 3.13　ドリルのすくい面形状

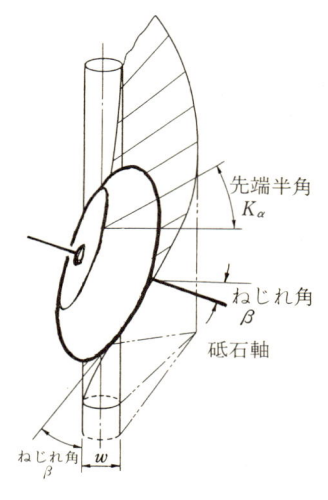

図 3.14　ねじれ溝断面に直角に設定された砥石軸

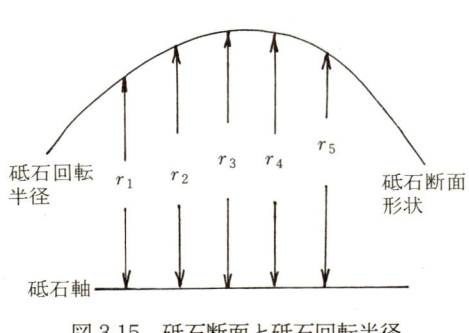

図 3.15　砥石断面と砥石回転半径

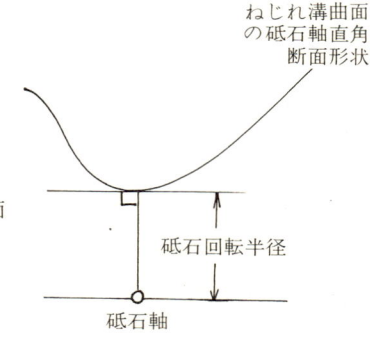

図 3.16　砥石軸直角断面によるねじれ溝断面形状とその断面内の砥石半径

参考文献

1) 佐久間敬三 監修：ドリル・リーマ加工マニュアル，大河出版 (1992).

第4章 フライス盤による加工

4.1 フライス盤の構造

　フライス盤（milling machine）は，フライスが定位置で回転し，工作物（work）を取り付けたテーブルを送り，平面，溝の切削などに使用される．割出し装置を付加してウォームなどのねじ切りを行なうこともできる．
　テーブルの高さを上下に調整できるものをひざ型フライス盤（knee type milling machine）といい，フライス主軸が水平か垂直かによって，横フライス盤（plane milling machine）と立てフライス盤（vertical milling machine）とに分けられる．

4.1.1 横フライス盤

　横フライス盤は，主として平フライス（plane milling cutter）や側フライス（side milling cutter）などのような円筒外周に切れ刃のあるフライスによって加工するためのものである．
　図4.1に横フライス盤の概要を示す．フライスにアーバを通して，これを

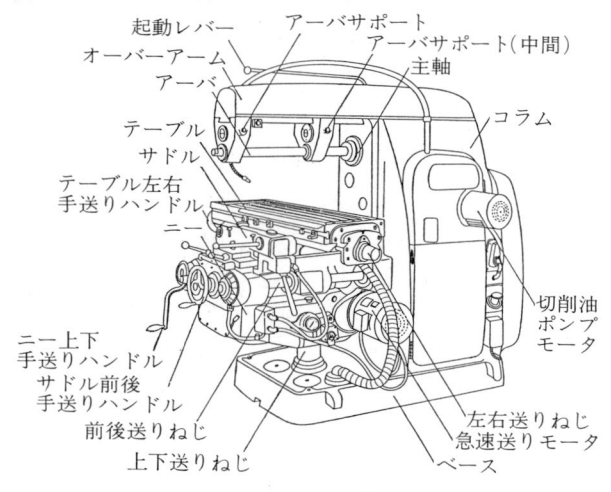

図4.1　ひざ型横フライス盤（JIS B 0105）

主軸台に嵌め，アーバの他端はオーバーアーム（over arm）に支持されたアーバ受け（arbor suport）で支持する．コラムの内部にモータがあり，コラム上部には主軸速度変換用歯車系と主軸がある．コラムの全面に幅広い垂直の案内面があって，ニー（knee）がこの案内面に沿って上下する．ニー上にサドルがあって，前後方向に移動することができる．サドル上にテーブルが載っていて左右方向に送られる．

　フライス盤の大きさは，テーブルの左右送りの大きさによって区別している．左右送りの距離が 600 mm 前後のものを No.1，750 mm 前後のものを No.2，850 mm 前後のものを No.3，そして 1 100 mm 前後のものを No.4 といっている．

4.1.2　立てフライス盤

　立てフライス盤は，垂直軸に正面フライス（face milling cutter），エンドミル（end mill）などを取り付けて，平面の切削，溝削り，あるいは工作物の周辺の切削を行なうものである．

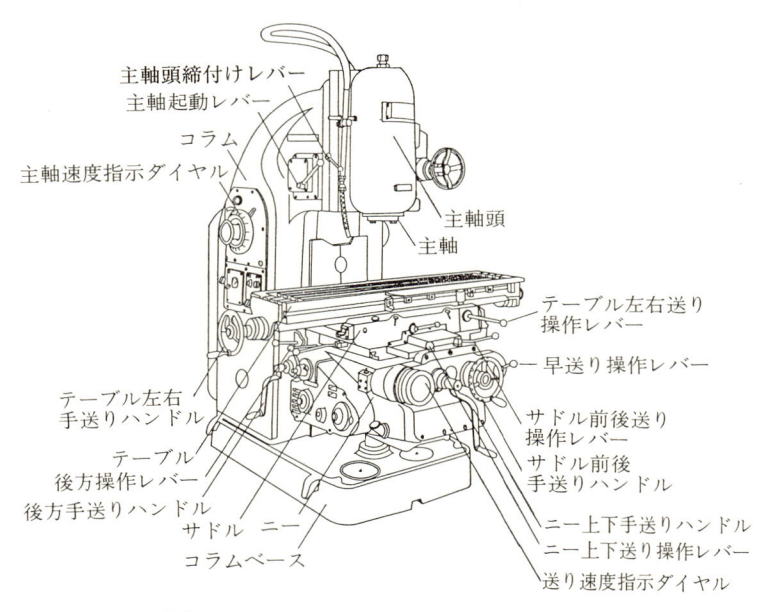

図 4.2　ひざ型立てフライス盤（JIS B 0105）

図4.2に立てフライスの盤の概要を示す．ひざ型立てフライス盤は，主軸がテーブルに対して直角に配置されているほかは，ニー，コラムとも横フライス盤と大差ない構造になっている．

4.2 フライスカッタ

フライス加工（milling）は，フライス盤を用いて多数の刃を持った回転工具によって加工する方法である．この回転体のどの部分をどのような切削に使用するかによって種々の名称が与えられている．図4.3に横フライス盤で用いる工具を，また図4.4に立てフライス盤で用いる工具を示す．フライス工具の基本形は，平フライス（plane milling cutter）と正面フライス（face milling cutter）の2種類で，他はそれらを合成したものとして理解できる．

平フライスは，外周部に多数の切れ刃を持っており，広い平面の切削に用いられる．切れ刃は，フライス軸に対して普通刃で15°，荒削り刃で25°～30°の角度でねじれており，刃の食付き時の衝撃を和らげている．

正面フライスは円周および端面に切れ刃を持ち，正面削りをするときに広く用いられる．刃の形状には，直刃，ね

直刃フライス　ねじれ刃フライス　荒刃フライス
（a）横フライス盤で用いる工具（平フライス）

普通刃　千鳥刃　組立てスライス
（b）横フライス盤で用いる工具（側フライス）

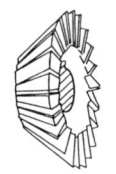

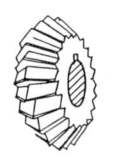

片角フライス　等角フライス　総形フライス
（c）横フライス盤で用いる工具

図4.3　横フライス盤で用いる工具

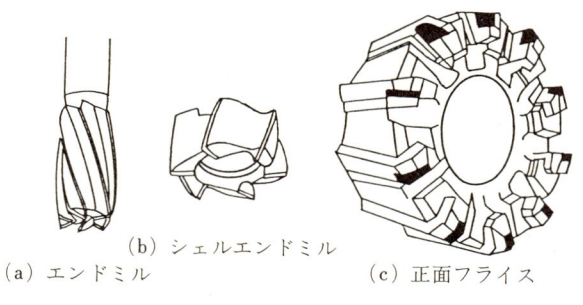

第4章 フライス盤による加工

(a) エンドミル　(b) シェルエンドミル　(c) 正面フライス

図4.4 立てフライス盤で用いる工具

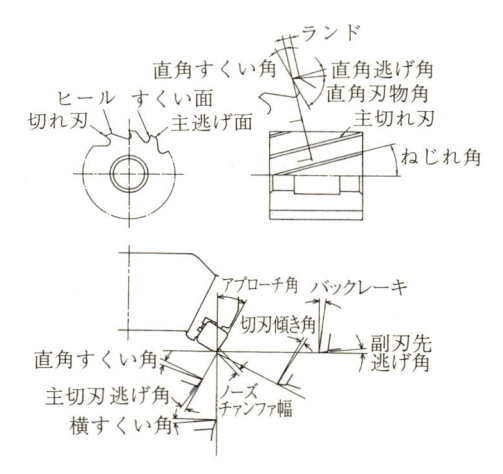

図4.5 平フライスと正面フライスの刃先の名称

じれ刃，荒刃の3種類がある．工具は鋼製の台に超硬バイトを植え刃し，高，重切削に用いることが多い．図4.5に平フライスと正面フライスの刃先の名称を示す．すくい角，逃げ角は，各切れ刃をバイトとみなせば，旋盤用のバイトと共通の働きをしていることがわかる．

4.3 上向き削りと下向き削り

フライス加工では，図4.6に示すように上向き削り（up-cut milling）と下向き削り（down-cut milling）の二つの加工方法がある．通常のフライス削りでは，図(a)の左図や図(b)下部のようにフライスの回転方向と被削材の送り方向が逆になっており，この削り方を上向き削りという．図(a)の右図や図(b)の上部では同方向になっており，これを下向き削りという．

上向き削りでは，切れ刃が被削材に食い込むときの切削厚さが非常に薄いため，切れ刃が被削材上を滑り，刃先の摩耗が生じやすい．これに対して，

4.4 フライスカッタの切れ刃の切削機構と仕上げ面粗さ　（51）

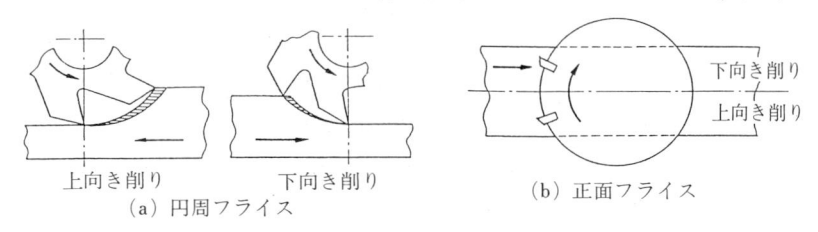

（a）円周フライス　　　上向き削り　　下向き削り
（b）正面フライス　　　下向き削り　　上向き削り

図4.6　上向き削りと下向き削り

下向き削りでは大きな切削厚さのところから削り始めるので，切れ刃の滑りは起こらず，切れ刃の摩耗は少なくなる．しかし，下向き削りでは，切削厚さが厚く，切削状態の悪いときの加工によって仕上げ面がつくられるのに対して，上向き削りでは切れ刃の滑りが生じている部分が仕上げ面になる．

以上の理由によって，荒加工には下向き削りを採用する方が有利であるが，送りねじのバックラッシを充分に取り除いてフライスやフライス盤に損傷が生じないように注意しなければならない．

4.4　フライスカッタの切れ刃の切削機構と仕上げ面粗さ

フライスカッタの切れ刃は回転運動をしながら加工物に対して送られる．加工物への切削運動は，この二つの運動を合成しなければならない．直線，あるいは円周上を転がる円に固定された点の描く軌跡をトロコイドという（図4.7）．この描点が転がり円の円周上にある場合には，特にサイクロイドと呼んでいる．いま，フラ

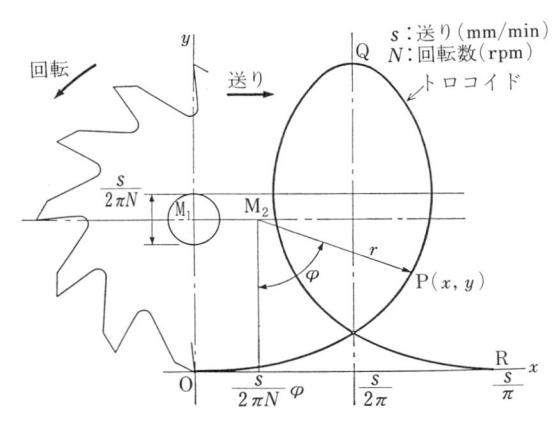

図4.7　フライス切れ刃の描くトロコイド曲線

イスカッタの中心 M_1 のアーバ穴が，図の直線に沿って転がると考える．そのとき，この転がり円に中心より r の位置で固定されて運動するフライスカッタ先端の点 O は，工作物に対して OPQR のトロコイドを描く．転がり円の中心は，円が ϕ 回転したとき M_2 にあり，描点，すなわちカッタ先端は P の位置にある．また，この先端点は角 π の回転で点 Q，1回転の角 2π のとき点 R に至り，トロコイドを完成させる．図の横軸に付けられている x 座標値は転がり円の半径を $s/2\pi$ としている．

各切れ刃ごとにこのトロコイドを描いて，1刃のカッタの切り取る切りく

表4.1 正面フライスおよび平フライスの理論粗さ計算式[1]

刃先状況図	条件	理論計算式
（λ, S, R_{max} の図）	$R = 0$	$R_{max} = \dfrac{S}{\tan\lambda + \cot\gamma} \times 10^3$
（S, R, λ, R_{max} の図）	$S \leqq 2R\sin\gamma$	$R_{max} = \dfrac{S^2}{8R} \times 10^3$
（S, R, λ, R_{max} の図）	$S \geqq 2R\sin\gamma$	$R_{max} = R(1-\cos\gamma + T\cos\gamma)$ $-\sin\gamma\sqrt{2T-T^2} \times 10^3$ ただし，$T = \dfrac{S}{R}\sin\gamma$
（平フライスの図，R_{max}）		$R_{max} = \dfrac{3.18 \times S^2}{\left(\dfrac{D}{2} \pm \dfrac{SZ}{\pi}\right)}$ ただし，+：上向き削り －下向き削りの場合 簡単式 $R_{max} = \dfrac{f^2}{4D}$

左側の区分：上3行「正面フライスの場合」，下1行「平フライス」

R_{max}：仕上げ面粗さ (μm), S：1刃当たりの送り，R：ノーズ半径，γ：副切込み角，ϕ：アプローチ角もしくはチャンファ角，Z：刃数，D：フライス径（刃振れ0の場合）

ずの形状や，理論的表面粗さの式を導くことができる．

平フライスの理論的な表面粗さは，このトロコイドから誘導されるが，実用的な粗さの式は工具先端軌跡をフライスの回転円とみなして誘導される．

表 4.1 に，正面フライスおよび平フライスの理論粗さの計算式を示す．旋盤の切削作業の理論粗さとまったく同様に式を導くことができる[1]．

【問題 4.1】
　図 4.7 からフライス切れ刃の先端が工作物に対して描くトロコイドの式を φ をパラメータとして導け．

4.5 フライス盤によるねじ切り

フライス盤の付属装置として，図 4.8 に示すような割出し台（index head）というものがある．円周を任意の数に等分割して切削するのに用いる．スプライン軸の溝切り，歯切り，カムの切削，ねじれ溝の切削などを行なうことができる．

図 4.9 にその割出し機構を示す．図 4.8 の換え歯車 a，b，c，d は図 4.9 の機構図の換え歯車 a，b，c，d に対応している．工作物を回転させる主軸はウォームホイールの軸になっていて，歯数 Z_w の減速比のウォームとのかみ合いによって割出しクランクの回転数の $1/Z_w$ に減速される．割出し台のウォームホイールの減速比 Z_w は普通 40 である．ウォームの軸には割出し板が取り付けられる．割出し板には，同心円周を等分割する多数の穴があいた同心円が数列ある．割出しクランクの先端のピンをこの穴に差し込んで工作物の角度の割出し

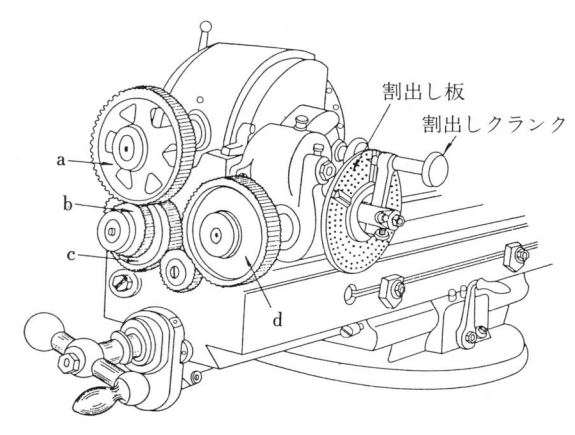

図 4.8　割出し台

第4章 フライス盤による加工

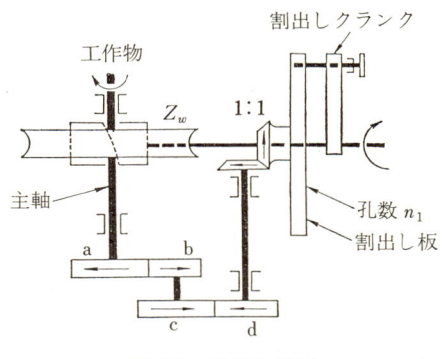

図4.9 割出し機構

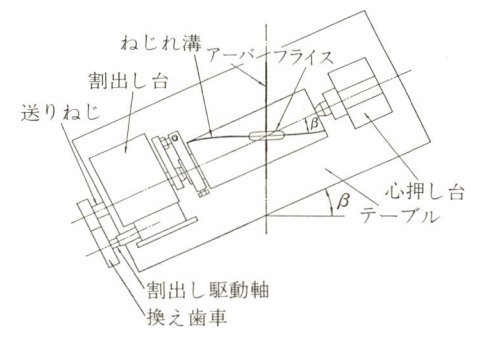

図4.10 ねじれ溝のフライス加工

を行なう．例えば，120穴の同心円列を選んで，1穴ずつピンを差し込んで工作物を回転させていくときには，1穴の割出しで工作物は $360°/(120\times40) = 3°/40$ 回転する．

図4.9を参照して，割出し板を減速比1:1のかさ歯車と換え歯車 a, b, c, d によって主軸と連動させて，穴数が整数にならないような工作物の角度割出しも行なうことができる．この方法を作動割出し法という．この割出し台を用いて ねじれ溝を加工する方法を 図4.10 示す．工作物を割出し台に取り付け，工作物の端は心押し台のセンタで受けさせる．テーブルをねじれ角 β だけ旋回してセットする．テーブルの送りねじ にチェンジギヤを連動させて割出し台の主軸を駆動して，工作物に回転を与える．そうすれば，テーブルの直線送りに対し一定の回転比で工作物が回転され，工具フライスに対して工作物を任意のピッチで ねじ送りでき，工具フライスの形状に合致する溝形のねじを加工できる．送り速度や回転速度を数値制御するマシニングセンタでも同様に ねじ切りが行なえる．

　工具刃面が平面のアンギュラカッタ（angular cutter）を用いた場合，任意位置のねじの軸直角断面が常に円のインボリュート（involute）になるインボリュートねじ面（involute helicoid）を加工できることを以下に単純な幾何を用いて証明する．いま，図4.11に示すように，加工物である円柱の軸に直

交する静止平面に対して工具平面が傾斜角 α で交差しているとする.

加工物が角速度 ω で回転する一方,工具平面は速度 V でねじ軸に平行移動してねじを加工するとする.ねじ軸,工具平面およびねじ軸に直行する静止中央平面を図 4.11 に示している.直線工具でねじを切る場合と比較するために,直線バイトをも併せて描いている.この直線のバイトは,ちょうど平面工具に乗り,ねじ切り運動を行なうと考えてよい.そこで,工具平面のねじ軸に対する傾斜角をねじ切りの場合と同様に α とする.

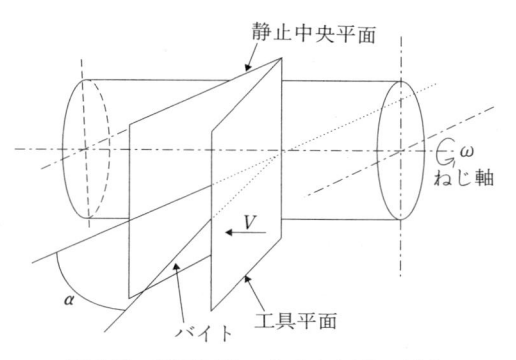

図 4.11 平面工具によるねじ面の創成

ねじ軸,工具平面およびねじ軸に直行する静止中央平面を図学の手法で真上から見た図を 図 4.12 に示す.加工物の角速度 ω と工具平面の平行運動の速度 V との関係を,加工物の回転角 θ ラジアンと工具平面の移動距離 S で表わすと,$S = P\theta/2\pi$ となる.ここで,P は加工されるねじのピッチで,加工物 1 回転当たりの工具平面の移動距離に相当する.

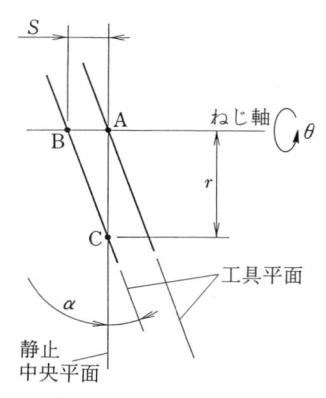

図 4.12 ねじ軸と工具平面との関係を真上から見た図

図 4.12 は,工具平面がねじ軸に沿って点 A から点 B へ距離 S だけ平行移動した情況を描いている.このとき,工具平面と静止中央平面との交線は A から C へ移動する.この距離 $\overline{AC}$ を r とする.この r は図 4.12 より,

$$r = \frac{S}{\tan\alpha} \tag{4.1}$$

と表現できる．上述のように，$S = P\theta/2\pi$ なので，

$$r = \frac{P\theta}{2\pi \tan \alpha} \tag{4.2}$$

となる．平面工具によるねじ切りの情況は，図4.12である限り，施盤によるねじ切りとまったく同じである．

中央平面は加工物とともに回転する．中央平面上にこの交線を描けば，図4.13のようになる．交線は，常に加工物の軸に垂直であるから，軸心Oから交線への距離OPが式 (4.2) により表現されていることになる．このとき，交線は被削ねじの軸直角断面形状を包絡するが，同時にその包絡線の接線になっている．すなわち，被削ねじ面の軸直角断面形状は，その接線と中心との距離が回転角に比例する．図4.13のような図を接線極座標表示という．

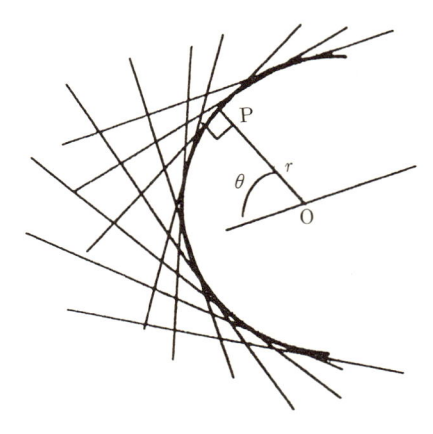

図4.13 工具平面と中央平面の交線群の包絡線

このような曲線は，図4.14に示すように円に巻き付けた糸をほぐしていくとき，その先端の描く軌跡になる．糸の先端と糸と円の接点の距離が円の半径に等しい．この軌跡は円のインボリュートと呼ばれる曲線である．解析学では円の伸開線であり，この伸開線の曲率中心が円と法線との接点になる．この円を基礎円と呼び，その半径を基礎円半径という．

図4.14より，基礎円の中心からインボリュートの接線までの距離を r とすれば，$\widehat{AB} = TB = r$，また，$\angle AOB = \theta$ とすれば $r = a\theta$ である．

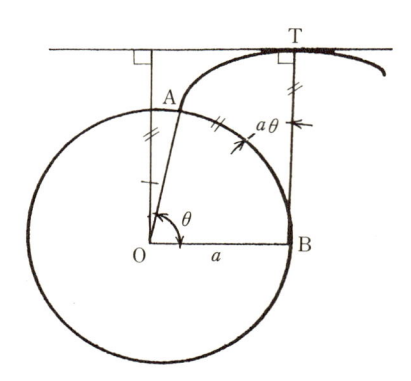

図4.14 円のインボリュートの性質

4.5 フライス盤によるねじ切り　(57)

図4.15　円筒に巻き付けられた直角三角形

よって，基礎円半径 a は，

$$a = \frac{P}{2\pi \tan\alpha} \tag{4.3}$$

　平面工具を用いてフライス盤でねじ面を加工すれば，軸直角断面は基礎円半径が式 (4.3) で表わされる円のインボリュートになる．このねじ面をインボリュートねじ面という．

　任意の位置での軸直角断面形状が共通の基礎円半径を持っているので，このインボリュートねじ面は，図 4.15 のように円筒に巻き付けた直角三角形をほぐしていくときの斜辺が空間に描く線織面になる．この円筒を基礎円筒と呼ぶ．任意の位置の軸直角断面形状は，直角三角形の底辺が基礎円筒からほぐされていくときの先端の描く曲線であることがわかる．すなわち，平面工具によって加工されるねじ面は軸直角断面形状が式 (4.3) で表わされる a を基礎円筒とするインボリュートねじ面である．

　いま，式 (4.3) よりピッチ P を求めると，

$$P = 2\pi a \tan\alpha \tag{4.4}$$

　式 (4.4) は，基礎円筒に巻き付けた直角三角形の底角が α であることを示している．いい換えれば，基礎円筒上のねじ線の進み角が工具平面の傾斜角に一致することを表わしている．

　模型である図 4.15 を観察すれば，このねじ面が図 4.16 のように，基礎円筒に進み角 α を持って巻き付いたら旋の接線群によって構成されているこ

第4章　フライス盤による加工

とがわかる．このような空間曲線の接線群の構成する曲面（線織面）を微分幾何学では可展面と呼び，円柱面や円すい面と同様に平面の上に展開可能で

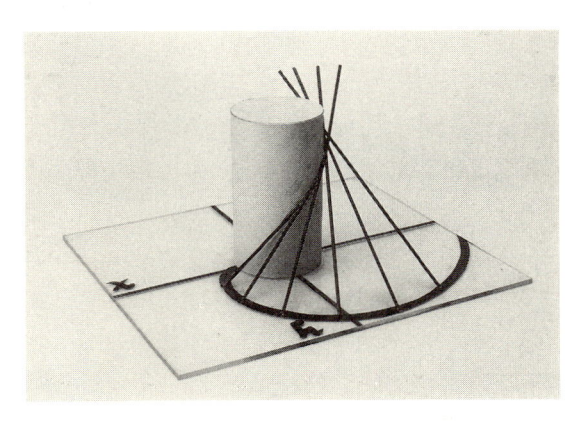

図4.16　円筒に巻き付いたら旋の接線群の構成するねじ面

図4.17　1枚の画用紙でつくられたインボリュートねじ面

あることが証明されている．

　図 4.16 を観察すれば，インボリュートねじ面は局所的に三角形であり，これをつなぎ合わせて全体が構成されていることから，平面に展開できることが理解できる．

　平面に展開可能なので，円柱面や円すい面と同様に 1 枚の画用紙からインボリュートねじ面のモデルを製作できる．このようにして製作したインボリュートねじ面の模型を図 4.17 に示す．

【問題 4.2】
　(1) 平面工具でねじを加工すれば，ねじ面の軸直角断面が円のインボリュートになることを証明せよ．
　(2) ジュースの空缶などと細い棒とでインボリュートねじ面のモデルを製作せよ．
　(3) 1 枚の画用紙からインボリュートねじ面のモデルを製作せよ．このねじ面は，インボリュートはすば歯車や，それを加工するホブの切れ刃面として現在の機械文明を縁の下から支えている物の一つである．

　　　　　　　☆　☆　☆　chat room　☆　☆　☆

　フライス盤に割出し台をセットしてインボリュートウォームやカムを製作した経験は筆者らの世代の機械工作に関わった者には貴重で懐かしい思い出であるが，現在は，このような手数のかかる仕事はマシニングセンタのプログラミングにとって代わられている．加工対象に対する制御軸が足りない場合には，他の軸と連動させて制御できる各種のアタッチメントも市販されている．

参考文献

1) 佐藤晃平・坂井儀道：ビデオ教材「機械加工シリーズ，フライス盤作業」，日刊工業新聞社 (1985).

第5章 研削加工

5.1 はじめに

 硬い砥粒を結合剤で固定した砥石を高速回転させ，これに工作物（work）を押し当て，表面を微小切削する加工法を研削加工（grinding）という．砥石には，工作物の形状に応じて色々な形のものが用いられる．研削を行なうためには，工作物の形状に応じて円筒研削盤，内面研削盤，平面研削盤などの研削盤（grinding machine または grinder）が用いられる．

5.2 各種研削作業

5.2.1 円筒研削

 円筒の外周を研削する方法が円筒研削（cylindrical grinding）で，これに使われる機械が円筒研削盤（cylindrical grinder）である．図5.1に円筒研削盤の説明図を示す．

 箱形のベッドの上に長手方向に往復運動するテーブルと，前後方向に切込み運動をする砥石台（wheel head）が載っている．テーブルには，工作物を支え，これに回転運動を与える主軸台と工作物の他端を支える心押し台（tail stock）とがある．工作物の両端面にセンタ穴をあけ，それを主軸台と心押し台の両センタでぴったりと受けさせ，回転中心軸をつくらせる．この回転中心軸に対して平行にテーブルの往復運動を設定すれば，正確な円筒外周を研削できる．また，テーブルの往復

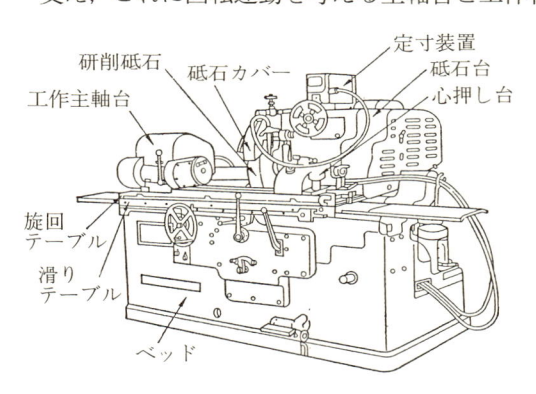

図5.1 円筒研削盤（JIS B 0105）

運動に対して回転中心軸を斜めに設定すれば，テーパ外周（円すい面）を研削できる．

砥石の切込みは，砥石側を移動させる形式が一般的である．その作業形式は，トラバース研削（traverse grinding）とプランジ研削（plunge grinding）の2形式に大別される．トラバース研削は，砥石軸方向（左右）に送り運動を与えて行なう研削である．またプランジ研削は，砥石を半径方向（前後）に送って行なう研削である．研削能率が高いので，小さな部品の大量生産に広く用いられている．色々な部品形状を砥石形状で成形する総形研削や，はす送りプランジ研削も研究されている．図5.2に各種円筒研削作業を示す．

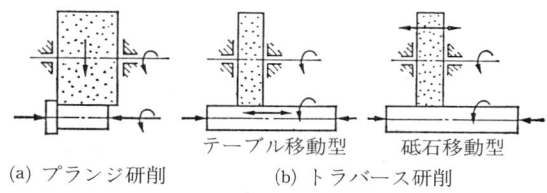

(a) プランジ研削　(b) トラバース研削　テーブル移動型　砥石移動型

図5.2　円筒研削作業

円筒研削の研削しろは，前加工の粗さ，工作物の形状や寸法，表面硬化層の厚さなどにより異なるが，一般に0.1～0.7 mm程度である．この研削しろを粗研削，仕上げ研削などで1回ごとに適当な切込みを与えてトラバース研削する場合，工作物を高精度の円筒度に仕上げるため，往復の終端で砥石が工作物から砥石幅の1/3程度出たところで返したり，あるいは工作物の一端および段付き部などでは送りの折返し点で一時送りを止めて研削する，いわゆるタリー（tarry）が必要である．このときの切込みは，各往復動の終わりまたは砥石が一方の端にきたときのみ与える2通りの方法がある．なお，研削工程の終わりに切込みを与えずに火花が顕著に認められなくなるまで研削するのが普通である．これをスパークアウト（spark-out）といい，寸法精度や仕上げ面粗さの改善に極めて有効である．

5.2.2　内面研削

穴の内面を研削する方法を内面研削（internal grinding）という．この研削法に用いる機械が内面研削盤（internal grinder）である．図5.3に内面研削盤の説明図を示す．

工作物をチャックによって主軸に取り付け，それの回転運動と砥石軸の回

(62)　第5章　研削加工

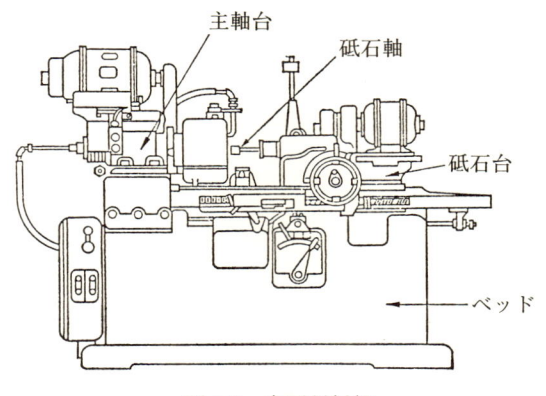

図5.3　内面研削盤

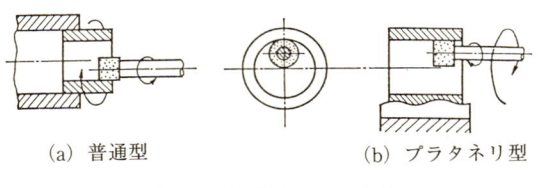

(a) 普通型　　(b) プラタネリ型

図5.4　内面研削の2方式

転運動によって研削する方法が普通であるが，大型の工作物やジグ研削など加工物を回しにくい場合には，砥石軸に公転を与える，いわゆる砥石に遊星運動を行なわせる方法がある．図5.4に，普通型とプラネタリ型の二つの内面研削法を示す．

内面研削では接触弧が長く，研削厚さが薄くなる．そのうえ，砥石軸が細く，軽研削することになるから，砥粒を破砕する力が弱いのが特徴である．したがって，破砕性の砥石を用いる．しかも小径で，働く砥粒が少ないから，砥石面が崩れやすく，研ぎ直しを頻繁に行なう必要がある．

切込みは，砥石または工作物の往復運動の各ストロークの両端で与えるのが普通であり，この場合もストロークの両端では砥石がその幅の1/3，多くとも1/2程度穴から出る位置で折り返して穴の端部の だれ を少なくする．また，底付き穴などの場合は適当なタリーが必要である．

5.2.3　平面研削

研削によって平面をつくり出す方法を平面研削（surface grinding）といい，これに使用する機械を平面研削盤（surface grinder）という．平面研削に最も広く用いられている研削盤はテーブル往復型の平面研削盤で，図5.5にその外観を示す．

送り運動をするサドル上に往復運動するテーブルが載っており，この上の

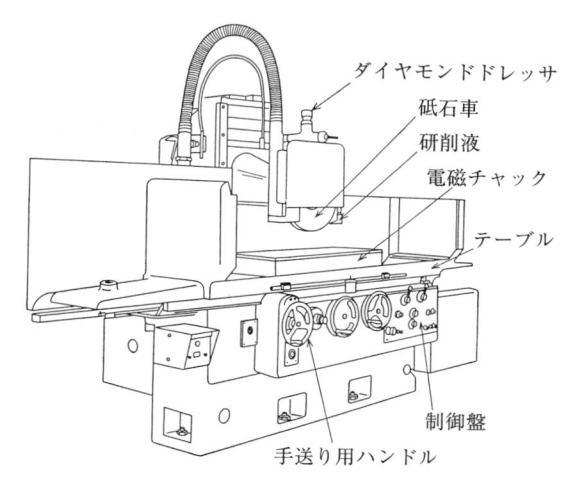

電磁チャックに工作物を取り付ける．コラムには上下運動のできる砥石ヘッドが設けられ，このヘッドの下方への微小送りによって砥石に切込みが与えられる．テーブルの往復運動は，油圧によって行なわれる．砥石車の目直しは，砥石ヘッドに設けられたダイヤモンドドレッサによって行なわれる．

図 5.5 平面研削盤（JIS B 0105）

また，図 5.6 に主要な平面研削作業を示す．

図 5.6 の平形砥石を水平軸に取り付けて研削する横軸型は，円筒研削の場合と同じやさしさで研削できる．一般部品の精密研削に適するが，砥石軸が片持ちなので大きな切込みや送りの研削には不向きである．

縦軸型は，カップ型やセグメント砥石を用いる正面研削方式が多い．砥石と工作物の接触面積が大きく，極めて多数の砥粒が工作物に当たる．砥粒の摩耗が桁はずれに早く，研削熱の発生が大きく，研削が非常に難しくなる．その反面，研削盤の剛性を強くして大き

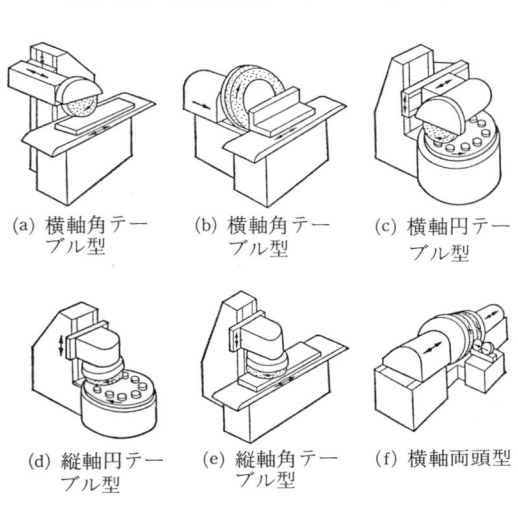

(a) 横軸角テーブル型
(b) 横軸角テーブル型
(c) 横軸円テーブル型
(d) 縦軸円テーブル型
(e) 縦軸角テーブル型
(f) 横軸両頭型

図 5.6 平面研削の諸方式

な動力で加工することになり，研削能率は高い．破砕性の砥石を用いて研削液を大量に用いて研削する．

5.3 砥石を構成する要素

砥石（grinding wheel）は，硬い工作物を精度よく削り，目的の形に仕上げる性能が要求される．砥石は色々な要素から構成されているので，作業に当たっての砥石の選択は，その用途に応じて以下の5要素の内容をよく把握して行なわなければならない．

(1) 砥粒の材質

砥粒（abrasive grain）は，被削材に比べて充分に硬く，かつ衝撃に強いじん性を持たなければならない．一方，摩耗した場合には，新しい切れ刃を形成するように適当に破砕しなければならない．表5.1に，現在主に使用され

表5.1 研削砥粒の特定と用途

記号	粒度	主成分，%		ヌープ硬さ（約）	主な用途
A	粗粒微粒	Al_2O_3	92.0以上 87.5以上	2 000	一般鋼材の研削，自由研削，切断
WA	粗粒微粒		99.0以上 98.0以上	2 100	合金鋼の仕上げ研削
PA HA	粗粒粗粒		98.0以上 98.5以上	2 100 2 100	合金鋼研削，工具・歯車・ねじの研削，工具鋼研削，合金鋼研削，総形研削
C	粗粒微粒	SiC	95.0以上 91.0以上	2 500	鋳鉄，非鉄金属の研削
GC	粗粒微粒		98.0以上 95.0以上	2 600	超硬合金・特殊鋳鉄・非鉄金属の仕上げ研削
D SD SDC	粗粒微粒	C	100	7 400 8 900	超硬合金・ガラス・セラミックス・半導体・コンクリート・宝石などの研削および切断

（備考）Al_2O_3，SiO の主成分（%）は，JIS B 6111 による．

ている砥粒とその用途を示す．

砥粒記号にAが付くものをA系砥粒と呼んでいる．酸化アルミナ（Al_2O_3）を主成分とするもので，純度の高いWAは白色であり，酸化チタニウム，酸化鉄などを含むAは暗褐色である．酸化アルミナ（Al_2O_3）の純度の高いものほど硬さが大で，じん性が乏しいから，硬い材料の研削に適する．一般に，A系砥粒は鋼類の研削に用いられる．

C系砥粒は炭化けい素（SiC）を主成分とするもので，純度の高いGCは緑色半透明の結晶であり，Cは銀灰色の結晶である．硬さはA系砥粒より高いが，じん性に乏しく，一般に鋳鉄の研削に用いられる．

D系砥粒はダイヤモンド砥粒であり，Dは天然ダイヤモンド，またSD,SDCは人造ダイヤモンドである．SDは高圧による合成ダイヤモンドで，D砥粒に比べて表面が凹凸に富み，微小破砕性がよい．SDCは，SD砥粒にニッケルまたは銅を被覆して結晶を補強し，砥粒の早期脱落を防ぐようにしている．人造ダイヤモンドは，砥粒を鋼材の砥石車に蒸着して用いることもある．

砥粒の硬度は，ダイヤモンドが新モース硬度15，ヌープ硬度8 000～8 500，また炭化けい素系（C系）が新モース硬度13，ヌープ硬度2 460～2 550，そして酸化アルミナ系（A系）が新モース硬度12，ヌープ硬度1 950～2 000程度である．ロックウェル硬度H_RC60はヌープ硬度730～760程度となる．

これらの砥粒のほかにヌープ硬度4 700というダイヤモンドに次ぐ硬度を持ったボラゾン（窒化ほう素）砥粒（BN）が開発され，焼入工具鋼や焼入高速度鋼，浸炭焼入鋼の研削に多用されている．

（2）粒　　度

砥粒の大きさを表わす値を粒度（grain size）と呼ぶ．その大きさは，ふるい分けに使用するふるいの番号で示されている．数値の小さいものほど粒径は大きい．表5.2に研削砥石に用いられている粒度を示す．

（3）結 合 度

結合度（grade）とは，砥粒を支持する結合剤の結合力の大小の段階を示す

表5.2　研削砥石の粒度（JIS R 6210）

区分	粒度の種類（番）							
粗粒	8 36 120	10 46 150	12 54 180	14 60 220	16 70	20 80	24 90	30 100
微粒	240 800	280 1 000	320 1 200	360 1 500	400 2 000	500 2 500	600 3 000	700

表5.3　結合度記号と呼び

結合度	呼び	
	JIS	ISO
E F G	極軟	軟（soft）
H I J K	軟	
L M N O	中 ↑（軟）↓	レジノイドオフセット（JIS R 6213）中（medium）
P Q R S	硬 ↑（中）↓ ↑（硬）↓	
T U V W X Y Z	極硬	硬（hard）

ものて，JISでは大越式結合度試験機による測定値を換算表によってAからZまでのアルファベットで示してあり，結合力はAが最も小さく，Zが最も大きい．表5.3に結合度記号と呼びを示す．

結合度は，砥粒を支持している結合剤の特性を表わす尺度であり，砥石の研削性能と最も密接な関係を持つものである．砥粒が砥石表面から容易に脱落するような砥石が結合度の低く軟らかい砥石で，その逆が結合度の高くて硬い砥石である．

結合度を測定する大越結合度試験機は，一定の形状をした焼入特殊鋼ビットを荷重50 kgf（レジノイド砥石は80 kgf）で砥石表面に押し付け，これを120度旋回するときの食込み量として結合度を定義する装置である．この方法は，

5.3 砥石を構成する要素　（67）

砥石製造者がドライバを砥石に押し込んで回すという感覚的な検定法を機械化したものである．

　砥粒と結合剤と気孔の混在する砥石において，結合剤のみの砥粒支持力を測定することは相当困難であり，物理的にあいまいな点があるのは否めない．しかし，同一結合剤，同一焼成法であれば，結合剤が多量なほど結合度は大であり，この意味では，結合度は結合剤の量を規定するものとなっている．

(4) 結 合 剤

　砥粒を結合させて砥石を形成するための材料でを結合剤（bond）という．表5.4 に，その種類，記号と主な用途を示す．

表5.4　結合剤の種類

種類	記号	主成分	特徴	主用途
ビトリファイド	V	長石, 陶石, 耐火粘土	剛性大, 組織の調整容易	一般機械研削, 自由研削, 超仕上げ, ホーニングなど. 全砥石の90%以上
レジノイド	B	合成樹脂	高弾性, 耐高速回転	自由研削, 切断, ねじ研削
ゴム	R	天然・合成ゴム	高弾性	総形研削, 切断, 薄物砥石
シリケート	S	けい酸ソーダ（水ガラス）	弱結合度	刃物研削, 薄物研削, 低研削温度用
マグネシア	Mg	マグネシアセメント	低速研削用に適す	刃物研削
シェラック	E	シェラック樹脂	弱結合度, クッション作用大	鏡面研削, ラップ仕上げ
メタル	M	銅, ニッケル, すず, 鉛	強結合度, 熱伝導率大	ダイヤモンド砥石

（5）組　織

研削砥石は，砥粒，結合剤，気孔からなるが，組織（structure）という観点から最も重要なのは，切りくずや研削油剤のたまり場となる気孔の状態である．気孔が過小であれば切りくずは詰め込まれて堆積し，目詰まり状態となることが容易に想像されよう．JIS では，気孔（組織）の程度を表わすために砥粒率（単位砥石体積中の砥粒体積）を用いて表5.5に示すように15段階に区別している．

なお，実際には砥粒率，結合剤率，気孔率のうち2者が独立なものであるから，必要に応じていずれか二つを併記することもある．

表5.5 砥粒率（JIS R 6210, 6212）

呼び	組織	砥粒率, % ±1.5%	呼び	組織	砥粒率, % ±1.5%
密	0 1 2 3 4 5 6	62 60 58 56 54 52 50	中 粗	7 8 9 10 11 12 13	48 46 44 42 40 38 36

☆　☆　☆　chat room　☆　☆　☆

　研削砥石の製造法を代表例としてビトリファイド砥石を取り上げて述べる．まず，砥粒，結合剤，焼散性有機物（例えば木鋸くず）を計量混合し，これに一時的に粘着剤を加えてプレスにより成形する．次に，徐々に加熱して高温（1 300℃）に保ち，結合剤の磁器質化と焼結を待つ．この際，結合剤は収縮し，これと同時に焼散性有機物はガス化して逃げるから，その通路として気孔が形成されることになる．B砥石，S砥石，E砥石も焼成であるが，R砥石は低温加熱による生ゴムの硫化による．焼成後は，徐冷して中央に鉛ばめ，全面ドレッシング，回転バランスの検査，内部欠陥の検査（超音波法など）を経て製品となる．

　砥石メーカーは，古くから天然砥石を産出したところに発展した例が多い．しかし，人造ダイヤモンドや CBN 砥粒を金属の砥石車に蒸着して砥石を製作するなど，現在は最先端技術に変貌している．

　（この文章は，主に「臼井英治著，切削・研削加工学，共立出版（1981）」を参考にしている）

5.4 砥石車の形状

研削砥石の標準形状および寸法はJISに規定されている．標準形状を図5.7に，また縁型形状を図5.8に示す．

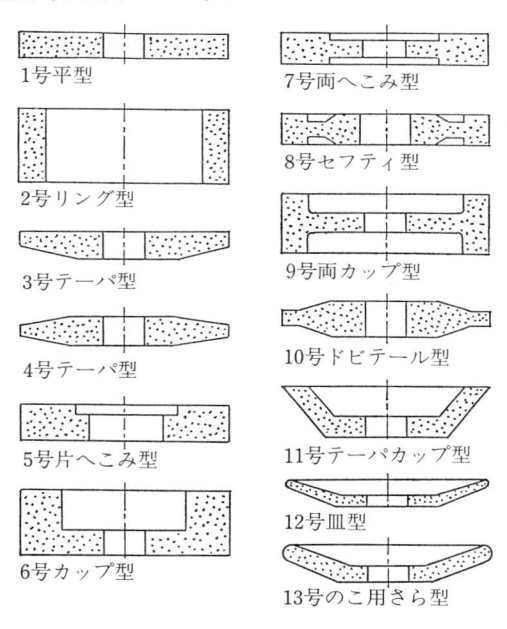

1号平型
2号リング型
3号テーパ型
4号テーパ型
5号片へこみ型
6号カップ型
7号両へこみ型
8号セフティ型
9号両カップ型
10号ドビテール型
11号テーパカップ型
12号皿型
13号のこ用さら型

図5.7 砥石の標準形状

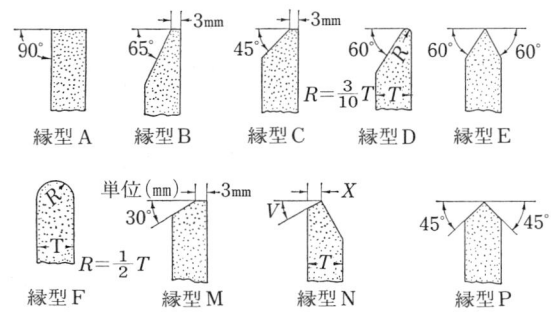

縁型A (90°)
縁型B (65°, 3mm)
縁型C (45°, 3mm, $R=\frac{3}{10}T$)
縁型D (60°)
縁型E (60°, 60°)
縁型F ($R=\frac{1}{2}T$)
縁型M (単位(mm), 30°)
縁型N (3mm, V, X)
縁型P (45°, 45°)

図5.8 砥石の標準縁型形状（JIS B 6211）（V, X は当事者間で協定することができる）

5.5 研削砥石の表示方法

以上のように砥石を使いこなすうえでの砥石の種類はかなり多い．加工物の形状や材質，あるいは仕上げの程度によって，作業者は砥石を使い分けなければならない．そこで，砥石には国際的には「ISO 規格」で，また国内的には「JIS 規格」により共通に砥石の表示法が定められている．その表示法を図 5.9 に示す．

研削砥石を選択する基本的な考え方としては[1]，選択された砥石が，① 要求した加工精度を出し得ること，② 生産能率の高いこと，③ 砥石の損耗が少ないことの三つの条件を満たさなければならない．このような条件を満たす砥石は，一般に砥石製造業者から出される選択表のみでは得られない．そのような選択表による選定を第一次として，各作業の特殊性を考慮して，研削機構的解析を基本として，最適な砥石を見出さなければならない．

砥石の選択に当たって考えなければならない項目を列記すれば，次のとおりである．

(1) 工作物としての条件：材質，硬さ，形状，所要加工精度，粗さ，前加工の方法とその結果，熱処理など
(2) 研削条件：研削の様式，砥石速度，工作物速度，砥石直径，工作物直径，切込み量，送り速度，研削量
(3) ドレッシング条件：ドレッシング工具の種類と形状寸法，切込み量，送り速度，ドレッシング量
(4) 機械と作業の状態：研削盤の剛性，主軸の特性，振動の有無，研削油剤の種類，注油法，注油量

これらを考慮することにより，目的とする砥石の砥粒，粒度，結合剤，結合度，組織，形状が決められる．

1号	205×16×19.05	A	36	K	7	V	2000
形状	外径 厚さ 穴径	砥粒	粒度	結合度	組織	結合剤	最高使用周速度 m/min

図 5.9　砥石の表示法（JIR R 6210, JIS R 6212）

研削砥石の第一次的選択の基準としては，金属材料に関しては，全国的実情調査結果をもとに，大約的方法により，一定条件のもとに作成された「一般的金属材料に対する選択標準 (JIS B 4051)」がある．

5.6 研削仕上げ面粗さの理論式

ここでは，佐藤の研削仕上げ面粗さの理論式を紹介する[1]．研削という複雑な加工現象を単純な幾何から解析しようとしたもので，研削理論の草分けといえる研究であり，その後の研削現象の研究に大きな影響を与えた．

研削作用は，砥石に含まれる微細な砥粒が高速で加工面を削っていく一種の切削作用である．そこで理想的な場合として，切れ刃は等間隔に規則正しい配列をしていること，および変形が完全な塑性変形であって切れ刃の形がそのまま残っていることの二つを定めて，研削面の幾何学的プロフィルからその粗さを表わす解析的理論式を求めている．

最も一般的な円筒研削の場合に，研削方向の粗さ h を考える．砥石と加工物の幾何学的関係を示す図5.10で，一つ切削点 X が加工物 O_2 上の1点 A を削ってから次の切削点 Y が同一点を削るまでの間に加工物が γ だけ回転するものとすれば，相対的には砥石の中心が O_1 から O_1' まで動いて加工物の1点 B を切削することになり，研削面に残される粗さ h は図の高さ $\overline{CP}$ で表わされることになる．

一方，$\overparen{XY} = a$ としてこれを連続切れ刃間隔と名づけ，加工物と砥石の周速をそれぞれ v，V とし，また半径をそれぞれ r，R とすれば，角度 γ は次の式で表わされる．

$$\gamma = \frac{v}{V} \frac{a}{r} \quad (5.1)$$

なぜなら，時刻 Δt の間に砥石外周は $V\Delta t$ だけ進む．この外周の中には $V\Delta t/a$ 個の砥粒が存在する．また，その間に加工物外周は $AB = v\Delta t$ だ

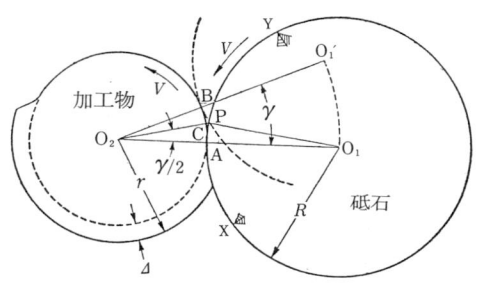

図5.10 研削方向の粗さの幾何学的関係

け進む．この加工物外周を1個の砥粒が削るので，

$$\gamma = \frac{\widehat{AB}}{r} = \frac{v \varDelta t}{(V \varDelta t / a) r} = \frac{a v}{r V} \tag{5.2}$$

一方，$\varDelta O_1 O_2 P$ の幾何学的関係から，

$$\overline{O_1 P_1}^2 = \overline{O_1 O_2}^2 - 2 \overline{O_1 O_2}\,\overline{O_2 P} \cos \frac{\gamma}{2} \tag{5.3}$$

であるから，$\overline{CP} = h$ は，R および γ で表わすことができる．h は r に比べて小さいから h^2 を無視し，また γ も小さいから，テーラーの近似則より，

$$\cos\left(\frac{\gamma}{2}\right) = 1 - \frac{1}{8} \gamma^2 \tag{5.4}$$

として簡単にすると，

$$h = \frac{1}{8} (r+R) \frac{r}{R} \gamma^2 \tag{5.5}$$

となる．これに式(5.1)の γ を入れると，結局次の式が得られる．

$$h = \frac{1}{8} \frac{R+r}{Rr} \left(\frac{v}{V}\right)^2 a^2 \tag{5.6}$$

これを砥石直径 $D = 2R$，加工物直径 $d = 2r$ として，式(5.6)を書き直すと

$$h = \frac{1}{4} \left(\frac{1}{D} + \frac{1}{d}\right) \frac{v^2}{V^2} a^2 \tag{5.7}$$

この式から，研削方向の粗さは，

(1) 連続切れ刃間隔 a を増すと，a^2 に比例して悪くなる．したがって，組織が粗で粒度が小さいほど粗さは大きい．

(2) 加工物と砥石の周速の比もまた2乗できいてくる．砥石の周速を大きくした方が粗さを小さくできる．

(3) 砥石の外径は大きい方が粗さは小さい．砥石が減ってくると粗さは大きくなる．加工物の外径が大きい方が粗さは小さくなる．円筒研削 ($d > 0$)，平面研削 ($d = 0$)，内面研削 ($d < 0$) の順に粗さは大きくなる．

(4) 砥石の切込み量は，研削仕上げ面の粗さに無関係である．

5.6 研削仕上げ面粗さの理論式

【問題5.1】
　外径 300 mm の砥石を用い平面研削を行なった．砥石周速 1 800 m / min，加工物周速 10 m / min とした．連続切れ刃間隔を砥石に朱肉を塗り，この砥石表面を用紙に転写して測定したところ約 10 mm であった．佐藤の式により，この場合の研削方向の理論粗さを求めよ．

【問題5.2】
　仕上げ面粗さをできるだけ小さくする研削条件を佐藤の理論から述べよ．

【問題5.3】
　フライス盤や研削盤の主な仕事に平面の加工がある．しかし真の平面は，現在でも手仕上げでつくられる．

　現在，どこの工場にも定盤というものがある．これは，表面が真っ平らで，その平面を基準にして，工場でつくる部品を測定したり，けがき という仕事をする．この定盤は，次のようにしてつくられる．

　最初に，およそ平らになった A と B と C の 3 枚の鋳鉄板を用意する．A の表面に，光明丹という紅白粉（べにおしろい）に似た紅色の塗料のようなものを塗る．そして，A と B 2 枚の平面を上下，左右に動かすと，凹んだ部分には紅色が残るが，高い部分は金属の肌が光っている．その光っているところを当たりと呼ぶ．この当たりの部分を工場では先の平らな のみ のような きさげ（scraper）という道具を使って手上げで削る．A と B がピタリと合ったら，次に A と C を合わせ，さらに B と C を合わせる．そういう作業を繰り返して，A と B と C の 3 枚が互いにピタリと合えば，この 3 枚の板は完全な平面になる．

　この方法を "3 枚合わせ" というが，この方法による定盤の考案者は，産業革命時代のイギリスの技術者ジョセフ・ウイットワース（Joseph Whitworth：1803〜1887 年）である．

　さて，この "3 枚合わせ" の方法によって 3 枚の真の平面をつくり出せる理由を幾何学的に証明せよ．

参考文献

1) 佐藤健児：砥粒及び砥石による加工，誠文堂新光社 (1965).

第6章 歯車の加工

6.1 ホブ盤によるインボリュート歯車の加工

ホブ盤(hobbing machine)は，平歯車，はすば歯車，ウォームギヤなどを歯切りできる極めて応用範囲の広い歯切り機械であって，連続的に創成歯切りができるので，一般に高能率である．また歯切り精度も適当な管理を行なえば，相当高精度な加工が期待できる．

ホブ盤の形には，歯車素材が垂直に取り付けられる立て型と水平に取り付けられる横型がある．また，ホブと加工物との距離を調整するのにテーブルを移動させるものと，ホブが取り付けられるコラムを移動させるものとがある．コラム移動型は大型の機械に多い．

6.1.1 ホブ盤の機構

図6.1に立て型でテーブル移動型の万能ホブ盤の概略を，また図6.2に，その伝動系統の説明図を示す[1]．ホブ盤に必要な運動は，① ホブの回転，② 素材の回転，③ ホブの送り，④ ホブの切込みである．

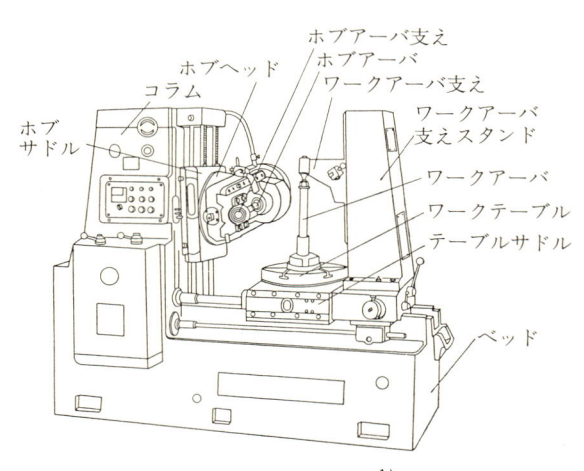

図6.1 万能ホブ盤[1]

6.1 ホブ盤によるインボリュート歯車の加工　(75)

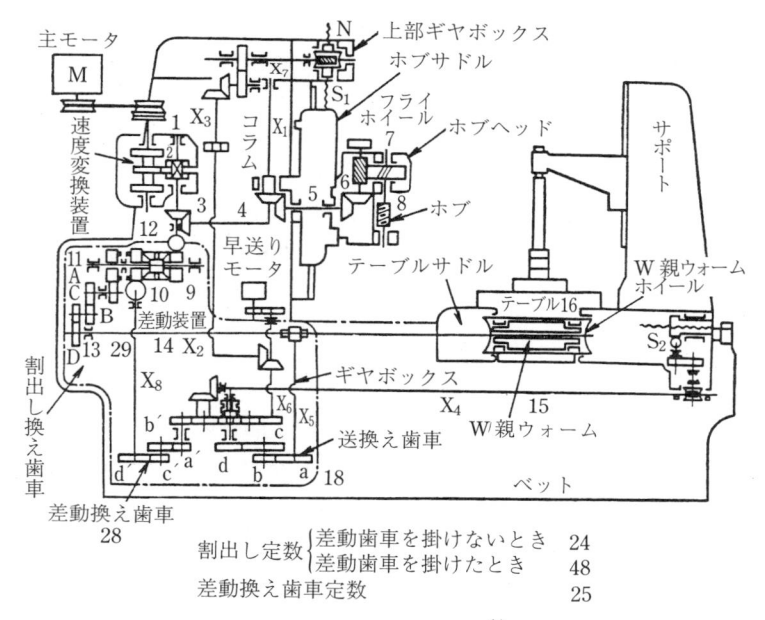

割出し定数	差動歯車を掛けないとき	24
	差動歯車を掛けたとき	48
差動換え歯車定数		25

図 6.2　ホブの伝動系統[1]

図 6.2 において，主モータの動力が原軸を経てホブを回転させ，同時に差動歯車，割出し換え歯車を経て複リードの親ウォームギヤにより，歯車素材を取り付けたテーブルがホブの回転速度に応じた速さで回される．一方，親ウォーム軸の途中のウォームギヤから送り換え歯車を経て，ホブサドル上部に挟まっているナットが回され，コラムに沿っての送り運動がホブサドルに与えられる．切込みはテーブルを移動して行なう．

以下に伝動系統が図 6.2 で表わされるホブ盤で平歯車とはすば歯車をホブ切りする方法を示し，このホブ盤の各歯車系統の働きを説明する．

（1）平歯車のホブ切り

歯数 z の平歯車を一条ホブで歯切りするときは，ホブ軸 1 回転につきテーブルを $1/z$ 回転の割合で回さなければならない．したがって，図 6.2 の 3～8 間の回転比が 3～16 間の回転比の z 倍になるように，13 の 4 個の割出し換え歯車の歯数 A, B, C, D が適当に選ばれる．すなわち，

$$\frac{A}{B}\frac{C}{D} = \frac{C_1}{z} \tag{6.1}$$

ここで，C_1 は 3～8 間と割出し換え歯車 13 を除く 3～16 間の歯車列の回転比の割合を示す数で，ホブ盤の割出し定数と呼ばれるものである．図 6.2 の場合では $C_1 = 24$ である．

なおホブの送り運動は，平歯車の場合はホブあるいはテーブルの回転と無関係に適当な値を採用すればよく，これは送り換え歯車 18 の歯数を適当に選択して得られる．

(2) はすば歯車のホブ切り

ねじれ角 β のはすば歯車を歯切りする場合には，ホブ z 回転につきホブを歯車軸方向に f 送るとすれば，歯車素材は 1 回転のほかにピッチ円上で $f\tan\beta$ だけ進めてやらなければならない．したがって，はすば歯車のリードを L とすれば

$$\frac{A}{B}\frac{C}{D} = \frac{C_1}{z}\left(1 \pm \frac{f}{L}\right)^{-1} \tag{6.2}$$

ここで，負号はホブと歯車のつる巻方向が同じとき，また正号は逆のときである．所要のねじれ角に対して十分一致するような換え歯車比を求めることは難しい場合が多いので，以下の差動歯車装置（differential gears）を採用して，所要のねじれ角を与えることができる．

12 のクラッチを外して 12 を 29 により駆動すると差動歯車が働くので，差動換え歯車 28 の歯数 a', b', c', d' を適当に選択して所要の補正回転を与えることができる．

$$\frac{a'}{b'}\frac{c'}{d'} = \frac{C_z z}{L} = \frac{C_2 \sin\beta}{t_n} \tag{6.3}$$

ここで，t_n は歯直角ピッチである．差動換え歯車定数 C_2 は C_1 とともにホブ盤製造者によって与えられている．なお，差動歯車を掛けたときの割出し定数 C_1 は掛けないときの 2 倍になる．

差動歯車を掛けてはすば歯車を歯切りする場合には，割出し換え歯車は平歯車のときの式 (6.1) より求められる値を採用し，差動換え歯車比を式

(6.3) のようにとればよい．式 (6.3) は歯数 z に関係しないから，1組のかみ合う歯車を歯切りするときに同じ差動換え歯車を用いることができ，したがって，両者の ねじれ角はよく一致することになる．

切削される歯形の良否は，主としてホブの精度にかかっており，ピッチの良否は，テーブルを回転させる親ウォームギヤの精度にかかっている．親ウォームギヤは，特にピッチが正確で，かつバックラッシ (backlash) のないことが必要であり，そのため複リードウォームにして，バックラッシをなくすように調整する必要がある．

6.1.2 ホブ切りの原理

図 6.3 は，このホブ盤を用いてインボリュート歯車 (involute gear) を創成する原理を示している[2]．ホブ切り (hobbing) は，切れ刃面がインボリュートねじ面 (involute helicoid) であるホブ (hob) を用いてインボリュート歯車を製作することである．前章において，平面でねじ切りを行なえばインボリュートねじ面を加工できることを証明した．そこで，切れ刃面がインボリュートねじ面であるホブの回転と縦送りは，平行移動する仮想平面，すなわち仮想ラック (rack) を構成することになる．この仮想平面は，テーブルにセットされた回転する歯車素材にインボリュートねじ面であるはすばインボリュート歯車を創成する．以上がホブ盤によるインボリュート歯車の加工原理である．

図 6.3 で，インボリュート平歯車のホブ切りについて説明する．いま，図において，ホブの角速度を ω_h，素材の角速度を ω_b とする．このとき，両者には $\omega_b = \omega_h \times (N/Z)$ の関係がある．ここで，ホブの口数を N，被削歯車の歯数を Z とする．また，ホブの縦送り速度を v_f

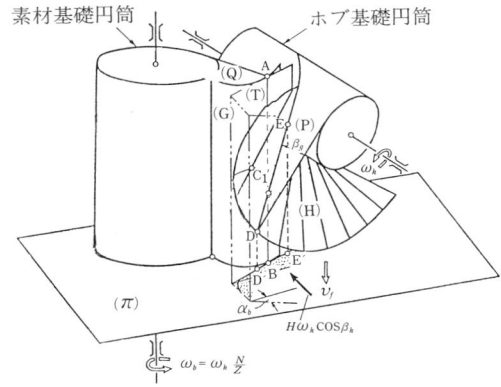

図 6.3 インボリュートギヤホブによるインボリュート歯形の創成[2]

とする.

図 6.3 は,インボリュートギヤホブで,インボリュートすぐ歯平歯車を切削している状態を示しているが,被削歯形は既にホブ切り完了後の理想的歯面を示している.この創成完了のインボリュート歯面が (G),ホブ基礎ねじ面が (H) である.以下では,ねじ面をヘリコイドと呼ぶ.

ホブ基礎ねじ面 (H) はインボリュートヘリコイドであるが,これはホブ基礎円筒に底角が β_g の直角三角形の紙 (P) を巻き付け,その一端を持って絶えず緊張しながら円筒から巻き戻したときの直角三角形の紙の斜辺 DE により,空間に描き出されるねじ面 (H) である.このとき,直角三角形の底角 β_g はインボリュートヘリコイドの基礎円筒上進み角になる.角速度 ω_h で回転しつつ,速度 v_f で縦送りされるこのインボリュートヘリコイド (H) は,第 4 章で説明したように,速度 $H\omega_h \cos\beta_h$ で並進運動する仮想平面ラック (T) を創成する.素材軸に,直交する平面 π と (T) の交線 $\overline{D'E'}$ は π 上に二次元ラックを描いている.α_b は,この二次元ラックの圧力角である.ここで,H は換算ピッチ (reduced pitch) と呼ばれるもので,$H = L/2\pi$ で 1 ラジアン当たりのピッチを表わしている.また,β_h はホブの取付け角であり,図の状態を正の角度とする.この並進運動する仮想平面ラック (T) は素材に対し,一般的に,はすばインボリュート平歯車を創成する.この図では簡単のために,すぐ歯インボリュート平歯車を創成する特別な場合を描いている.この場合,素材基礎円筒に巻き付けられたベルト (Q) が緊張を保ちながら巻き戻されるとき,ベルトの端線 $\overline{AB}$ がすぐ歯インボリュートヘリコイド (G) を描いている.

仮想平面ラック (T) には,ホブの基礎ねじ面であるインボリュートヘリコイド (H) が直角三角形の斜辺である直線 $\overline{DE}$ で接し,被削すぐ歯インボリュート平歯車の歯面 (G) はベルト端線の直線 $\overline{AB}$ で接している.(G) と (H) は直線 $\overline{AB}$ と直線 $\overline{DE}$ の交点 C_1 において点接触を行なう.

以上のことから,ホブ基礎ねじ面であるインボリュートヘリコイド (H) と被削すぐ歯インボリュート平歯車の歯面 (G) は,切削運動の一瞬をとらえるなら,ねじ歯車の接触状態にあるといえる.以上が図 6.3 に基づいて説明し

6.2 曲がり歯かさ歯車，ハイポイドギヤの加工　(79)

たホブ切りの原理である．

　ホブの切れ歯面が歯直角円弧歯形であるような一般の形状の場合は，以下のように考えられる[2]．

　ホブ切りの切削効果は，ホブの基礎ねじ面を被削歯車の歯すじ方向から被削歯車軸に垂直な平面に射影して得られる投影輪郭が切削ラック歯形として作用するのと同じである．この考えを応用して，歯直角歯形が円弧の はすば歯車を創成歯切りできる．

☆　☆　☆　chat room　☆　☆　☆

　工作機械の数値制御（NC）については第7章で詳述するが，歯車の加工にもNC化の波が押し寄せている．三菱重工業（株）のNCホブ盤「GA 25 CNC」では，テーブルのラジアル送り（X軸），ホブシフト（Y軸），ホブの縦送り（Z軸），ホブヘッド旋回（A軸），テーブル回転（C軸）の5軸をNC制御し，ホブ軸の回転に対し，テーブル回転（C軸），ホブシフト（Y軸），ホブの縦送り（Z軸）が同期する．また，切削条件自動設定プログラム機能を備えており，ワーク諸元，カッタ諸元，加工精度，ワークの段取り位置などを入力するだけで適正な切削条件が自動的に設定される．段取り換え作業はすべて操作盤で行ない，換え歯車の交換は不要である．

　また，（株）岡本工作機械製作所「SHG-360」NC歯車研削盤は，ねじ状砥石により，差動装置を使用せずに精密なはすば歯車の研削を行なう．また，このねじ状砥石の成形は加工データのキー入力だけで，任意モジュール，ダイヤメトラルピッチ，サーキュラピッチなど，多様なリードのねじを成形できる．

　（この文章は，「山岸正謙著，図解NC工作機械の入門，東京電機大学出版局（1986）」を参照した）

【問題6.1】
　ホブ盤によるインボリュート歯車製作の原理を図を描いて説明せよ．

6.2　曲がり歯かさ歯車，ハイポイドギヤの加工

　図6.4は，豊精密工業（株）の曲がり歯かさ歯車（spiral bevel gear）およびハイポイドギヤ（hypoid gear）創成歯切り盤の工作物（ワーク），カッタと仮想冠歯車との関係図である[3]．この冠歯車（crown gear）である曲がり歯かさ歯車用カッタは，環状フライスと呼ばれ，円周上に配置されたカッタブ

第6章 歯車の加工

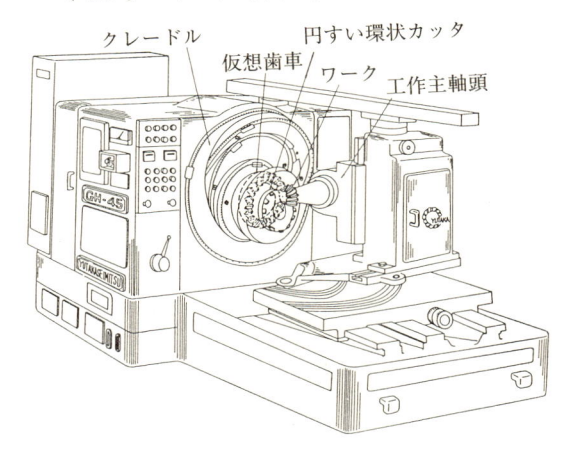

図6.4 豊精密工業(株)のハイポイドギヤ創成歯切り盤「GH-45」のワーク，カッタと仮想歯車との関係[3]

レード（cutter blade）が切削回転運動を行なうと一つの円すい面を構成する．一つ一つのブレードは交互に出入りする，いわゆる千鳥という配置になり，表裏歯面を同時に創成できるように工夫されている．しかも，荒削りから仕上げ削りまで1回転で行なえるよう各カッタブレードの大きさが調整されている．このカッタは，グリーソン社の曲がり歯かさ歯車およびハイポイドギヤ創成歯切り盤や豊精密工業(株)の「GH-45」に採用されている．

曲がり歯かさ歯車の創成歯切りの原理を図6.5に示す．曲がり歯かさ歯車の創成原理は，円筒歯車の加工原理と同じである．すなわち，円筒歯車では転がり合う一対の歯車のピッチ円筒に対して，これらと共通に転がるラックのピッチ平面上のはすばラック刃形が，互いにかみ合うはすば歯車を創成する．一方，かさ歯車の歯切りでは，転がり合う一対のピッチ面である円すい面に対して，これらの共通接平面である冠歯車のピッチ平面上にある環状フライスの円すい面が，互い

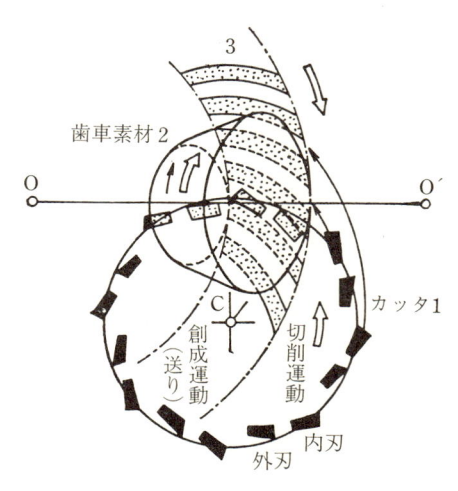

図6.5 円板ホブによる曲がり歯かさ歯車の創成歯切り

6.2 曲がり歯かさ歯車，ハイポイドギヤの加工

にかみ合う一対の曲がり歯かさ歯車を加工する．

図 6.6 のようにカッタの一対の外刃と内刃が大，小の曲がり歯かさ歯車の表裏歯面を一度に歯切りする．図 6.5 に示したように，理論的にはカッタ 1 は点 C を中心として回転運動を行なう．同時に小歯車（pinion gear）の歯車素材 2 と大歯車（ring gear）の歯車素材 3 はそのピッチ円すいがピッチ直線 OO′ で接しながら転がるような回転運動を行なう．その結果，カッタブレード，小歯車歯面および大歯車の歯面どうしはそれぞれが互いにかみ合い運動を行なっていることになる．具体的には，小歯車，大歯車は，それぞれ個別のカッタとの創成運動により歯切りされる．

豊精密工業（株）の創成歯切り盤「GH-45」によるハイポイドギヤの創成歯切りの原理は以下のとおりである．まず，環状フライスカッタが，静止する大歯車に 1 歯ずつ割り出しながら円すい面を与えていく．この歯切り法を成形歯切り法という．相手の小歯車の歯面は直接創成法を用いる．環状フライスカッタの回転によって描く切れ刃の軌跡の円すい面が成形歯切りした 1 歯を表現できるように図 6.7 に示す小歯車の歯切り位置にカッタを構え，小歯車材に創成運動を与えて直接創成する．創成運動とは，固定した大歯車の上で小歯車が転がるとき，小歯車が自転しながら公転する運動をいう．

図 6.6 曲がり歯かさ歯車，ハイポイドギヤ ピニオン創成歯切り用カッタ

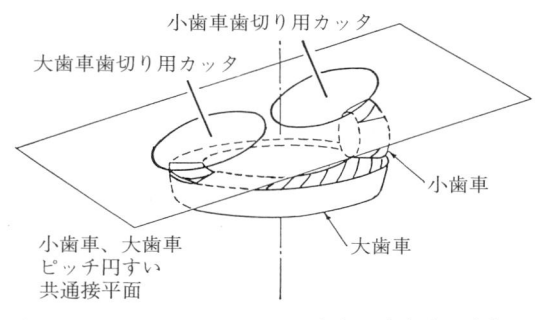

図 6.7 ハイポイドギヤの小歯車，大歯車の歯切りカッタの位置

6.3　ウォームギヤの加工

　ウォームギヤ（worm gear）は用途によって加工法が異なるが，一般には定リードのねじ面をウォーム（worm）とする円筒ウォームギヤ（cylindrical worm gear）が用いられる．ウォームとかみ合うホイール（wheel）は，理論的にはウォーム歯面とまったく同一の切れ刃面を持つホブにより，直接創成により加工される．すなわち，ホブとホイール素材にウォームとホイールとのかみ合い運動を行なわせてホブ盤で加工される．

　第2章および第4章で述べたように，ねじ面は旋盤あるいはフライス盤により切削加工できる．円筒ウォームはねじ面なので，旋盤あるいはフライス盤で加工できる．これらをNC化したNC旋盤やマシニングセンタでも加工できる．一般に，円筒ウォームの歯面は歯切り後，浸炭焼入れし，ねじ研削盤により研削される．ねじ研削盤の原理は，ねじ切り旋盤の工具台に研削装置を取り付けた工作機械である．

　図6.8に，各種砥石による円筒ウォームの研削法を示す[4]．図(a)は，円すい面を砥石面とする，いわゆる皿型砥石をねじの進み角だけ傾けてウォームを研削する方法で，最も多く用いられる円筒ウォームの研削法である．図(b)は，円すい面の底面の平面砥石でウォームを研削する研削法である．第4章で述べたように，平面でねじ切りされたねじ面はインボリュートねじ面になる．そこで，この方法で研削されたウォームはインボリュートウォームと呼ばれる．相手ホイールを歯切りするホブはインボリュートホブなので，ホブの製作法が確立されていることがこのウォームギヤの長所である．図(c)は，ペン型砥石（pencil grinder）でウォームを研削する方法である．砥石の高速回転を得にくいので余り利用されない．

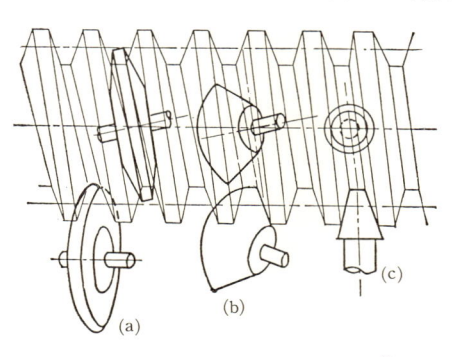

図6.8　円筒ウォームの研削方法[4]

図 6.9 に,ドイツのニーマンにより開発されたニーマンウォームの研削法を示す[5]. このウォーム歯面は,ウォーム軸 A–A′ を含む断面 A の形状あるいは歯直角断面 N の形状が凹円弧になっていることに特徴がある. 図 6.9 の下部は両断面形状を描いている. ここで,α_A は軸直角圧力角,α_N は歯直角圧力角である. ρ_A, ρ_N は, それぞれウォームの両断面形状の曲率半径である. 図中の e_A, e_N

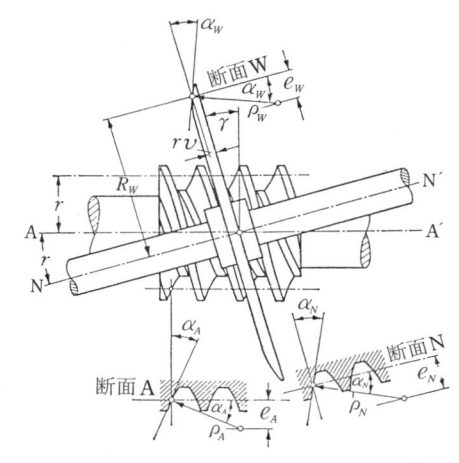

図 6.9 ニーマンウォームの研削方法[5]

は,それぞれの断面におけるウォームの歯の中央点からピッチ円筒までの距離を示している. このことから,両断面においてウォームの断面形状である凹円弧の中心がピッチ円筒上に乗ることになる. 歯車歯形論より両円弧の中心がピッチ円筒に乗る瞬間がかみ合い位置になるとき,この凹円弧が接触線になる. このように,ある一瞬ではあるが,歯直角円弧あるいは軸直角円弧を接触線に入れるため,全体の接触線形状が歯すじに直角に現われる傾向を持ち,接触線に直角な両歯面の相対曲率半径も大きくなる.

図 6.9 上部は,このウォーム歯面を研削する砥石とウォームとの関係を描いている. 断面 W は砥石車の断面形状を描いている. α_W, ρ_W, e_W は,それぞれ砥石車の断面形状の圧力角,曲率半径,研削の中央点からピッチ円筒までの距離を示している. γ はウォームの歯の進み角で,ウォーム軸に対して角度 γ だけ砥石車の軸を傾ける. r はウォームのピッチ円筒半径である. ニーマンの発明ではピッチ円筒がウォーム歯先円筒に一致しているが,三菱重工業(株)による実用化形式では,ピッチ円筒はウォームの歯先円筒よりやや内側に入る設計になっている.

図 6.10 に,旋盤の刃物台に取り付けられた高速ねじ切り装置を示す. 円盤の内側に多数取り付けられた直線の切れ刃を持つ超硬バイトが高速回転

し，一度の切込みでねじ面の加工を行なう．生産性がよいことと同時に仕上げ面粗さも数 μm と，研削法にも匹敵する．この方法で加工されたウォームの形状は，直線の工具で加工された台形ねじの形状にほぼ同じである．理論的には，工具の回転面は凹面の円すい面になっているといえる．

大負荷能力を必要とする場合に，鼓形ウォームギヤ（hourglass worm gear）が使用される．ヒンドレータイプの鼓形ウォームギヤ（Hindley type hourglass worm gear）では，ウォーム歯面はバイト切りされる．図6.11 に示すように，ホブ盤のホブ軸にウォーム素材を取り付け，テーブルに直線の切れ刃を持つ工具を取り付けて加工する．

図6.12 に示すように，一般に相手ホイールは1本の直線の切れ刃を持った舞ツールで加工される．この舞ツールは，線織面であるウォーム歯面の端部の1本の直線でウォーム歯面を代表させたものである．非常に粗い近似法なので，最終工程として負荷を段階的に上げるなどするなじみ運転を必

図6.10　高速ねじ切り装置

図6.11　ヒンドレーウォームの切削加工法

要とする. ヒンドレータイプの鼓形ウォームギヤは, 主に軸間距離が1 000 mm程度と大型のウォームギヤに採用されている.

ウォームギヤの中で, 効率および負荷能力が優れているものはウォームの歯面を研削する鼓形ウォームギヤである. 図6.13に, 鼓形ウォーム歯面の研削の状況を示す. このウォーム研削盤は, ホブ盤を基本として設計されている. テーブルにCBN砥粒を電着した円すい砥石の研削装置を設定し, ホブ軸にウォーム素材を取り付ける. 理論的には, 砥石の円すい面がホイール歯面の一部を構成しているといえる. 研削装置とホブ軸に取り付けられたウォーム素材に, ウォームとホイールのかみ合い運動を与える. このウォームギヤは, 接触線の現われ方や歯面間の相対曲率が運転性能に対して有利なように理論, 計算両面から設計されている[6].

図6.12 舞ツールによるヒンドレー鼓形ホイールの加工

高速ねじ切り装置を持ったCNC高速鼓形ウォームねじ切り盤が, 堀内, 牧によって開発されている[7]. 理論的には, 先に紹介した円筒ウォームを高速切削する装置の円すい面をホイール歯面の一部として与えるということ

図6.13 CBN砥石による鼓形ウォームの研削

図6.14 高速ねじ切り装置による鼓形ウォームの加工

図6.15 CBN砥粒蒸着鼓形ホブによる鼓形ホイールの加工[8]

である．図6.14に，CNC高速鼓形ウォームねじ切り盤により鼓形ウォームを加工する状況を示す．①がウォーム素材で，②が高速ねじ切りカッタである．このカッタは，鼓形ウォームを創成するための揺動運動を行なう．ウォーム歯面は歯切り後，軟窒化処理（タフトライド）される．ウォーム歯面の粗さは，この相手ホイールは数μmで硬度はロックウェル硬さH_RC60程度である．相手ホイールの歯面は図6.15に示すように，堀内の開発したダイヤモンド砥粒を蒸着した鼓形砥石により素材から創成研削される[8]．

☆　☆　☆　chat room　☆　☆　☆

　鼓形ウォームギヤは，実はレオナルド・ダ・ビンチの発明である．図6.16に，彼の鼓形ウォームギヤのスケッチを示す．左の二つの図には無限ねじという彼の説明がついている（出典は第1章のレオナルドのスケッチと同じ）．ねじに無限という発想を持ち込むことには「天才ならでは！」と唸らざるを得ない．右の図は，これを具体的な荷重機械として応用しようとする考えで，レオナルドの優れたエンジニア，あるいは実務家としての側面をうかがわせるものであろう．歯が同時に何枚もかみ合うので，負荷能力に優れるという考えは，まさに現在の鼓形ウォームギヤの基本となるものである．

6.3 ウォームギヤの加工　　(87)

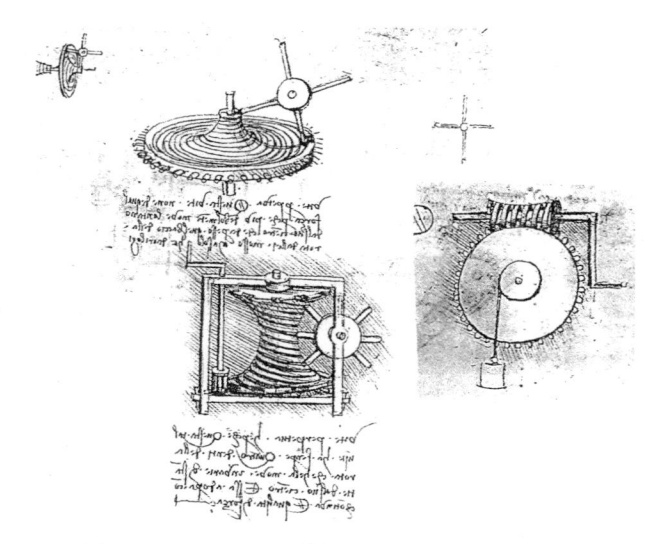

図 6.16　レオナルドの鼓形ウォームギヤのスケッチ

【問題 6.2】
　直線を切れ刃とする工具でねじ切りした台形ねじをウォームとするねじウォームのウォームの軸を含みホイール軸に垂直な平面で切ったホイール歯面の断面形状はどのようなものになるか．

参考文献

1) 会田俊夫ほか 11 名：機械製作，養賢堂 (1980)．
2) 両角宗晴：歯車のホブ切り，誠文堂新光社 (1962)．
3) 坪田義夫監修：豊精密工業二十年史，ダイアモンド社 (1979)．
4) 機械製作研究会編：最新機械製作，養賢堂 (1980)．
5) G.Niemann (成瀬長太郎 訳)：機械要素—動力伝達編—，養賢堂 (1971)．
6) 田村久司・酒井高男・牧　充：日本機械学会論文集 (C編)，**46**, 402 (1980)．
7) 堀内昭世・牧　充：日本機械学会論文集 (C編)，**65**, 640 (1999) p.4813．
8) 堀内昭世：日本機械学会論文集 (C編)，**64**, 623 (1998) p.2726．

第7章　数値制御(NC)工作機械

7.1　はじめに

　数値制御工作機械（numerically controlled machine tool）は，電圧のON-OFFを2進数の1と0に対応させてコンピュータによってモータの回転を制御し，人間の命令を機械に伝え，自由な曲面を自動的に精度よく加工する機械である．

　従来の工作機械では，工具の運動や加工物の送り運動の設定，あるいは位置合わせなどは，作業者のハンドル操作によっていた．これに対してNC工作機械は，その運動を加工指令情報によって自動制御するものである．

　従来の工作機械では，二次元あるいは三次元の形状を加工するには，同時に2個あるいは3個のハンドルを互いに関連を保ちながら操作しなければならなかった．相当な熟練を経なければ，一人の作業者がこのような加工を精度よく行なうことはできないし，加工時間もかかる．

　これに対して，NC工作機械は3軸あるいは4軸，5軸をも同時に加工して複雑な形状を容易に高い精度で，しかも短時間に加工することができる．またNC工作機械では，加工指令情報（プログラム）の入換えが容易で，多品種の製品を少量ずつ加工する場合にも充分に対応できる．さらに，NC工作機械はコンピュータ支援による設計システム（CAD）に対応して，CADのプログラム情報をNC工作機械の制御情報に直接翻訳して設計・加工の一貫システム（CAD/CAMシステム）をも可能にした．

　そのうえ，NC工作機械はこれからの企業が目指す「経営から生産，販売，開発などの各部門をコンピュータネットワークで連結し統括する生産システム，いわゆるCIM（Computer Integrated Manufacturing）を構築するための重要な生産部門での役割を担うことになる．これらの生産システムについては，第Ⅱ部で詳述する．

7.2 NC工作機械の利点

NC工作機械は，複雑な形状の加工も容易にできる柔軟性に富んだ工作機械であり，省力対策，コスト低減に役立つばかりでなく，管理面における効果もその将来性とともに見逃すことはできない．

以下にNC工作機械の様々な利点を述べる[1]．

(1) 品質の向上
- 従来のマニュアル操作の工作機械よりも，はるかに高い精度で，複雑な三次元形状の曲面を持つ加工物を容易に短時間で加工できる．
- 作業者のその日の疲労度や精神状態に影響されることなく，常に一定した精度の製品を加工できる．不良品が少ない．
- 精度が一様で，対称性がよく，繰返し精度が高い．加工品の均一性が優れていて，組立てが容易になる．
- 加工工程の切削条件，すなわち切削速度や切込み量，送り量などを，すべてプログラムの段階で適性値に選定できる．その結果，仕上げ面や切削時間を最適なものに設定できる．

(2) 検査の省略
- 作業者の疲労や気分のむらによる精度の低下や不良品の発生が少ないので，全製品の検査を必要としない．
- 検査箇所も減らすことができ，検査に要する人員，時間，機器，コストを節約できる

(3) 加工所用時間の短縮
- 実稼動率，すなわち実際に機械が加工に携わっている時間の割合が上がる．
- 段取り時間や機械の待ち時間ををマニュアル機の場合より短縮できる．

(4) 省力効果
- 加工前のけがき工程を省略できる．
- それぞれの機械に対する熟練者が不要になる．作業者は機械を監視することが主たる業務になり，未熟練者が数台のNC工作機械を操作するこ

とができる.
- 工場全体の作業の流れをコンピュータネットワークで管理するFMS (Flexible Manufacturing System), いわゆる無人化工場へ移行できる.

(5) 在庫費用の節約
- 加工時間の短縮により, 材料入手から製品完成までの日時が短縮される. その結果, 仕掛かり在庫費用が節約される.
- 加工指令情報 (プログラム) をテープやフロッピーの形で保管しておけば, いつでも同一製品を加工できる. 補充部品などをあらかじめ製作して保管しておく必要はない.

(6) 管理上の効果
- 管理者は, 加工指令情報 (プログラム) の製作および保管を管理すれば, 各機械の運営を容易に行なえる. 作業者の管理業務を減少できるので, 工場全体の作業の流れの管理, 運営が容易になり, かつ徹底できる.
- 工程は, 各機械のプログラムの設定どおりに進み, 生産の安定が図られ, 納期の予定も正確にたてられる. コンピュータネットワークによる集中管理方式も行なえる.
- 生産計画の変更も容易である. 特急品の割込みなどにも柔軟に対応できる. 設計の変更などにも対処しやすくなる.

(7) 安　　全
- 人間が直接機械を操作しないので, 機械をカバーしておけば, 作業者の安全を確保できる.
- 地震や火事などの緊急事態にもあらかじめ対処する措置をとりやすい.

7.3 制御方式

NC制御システムは, 入力部, 演算部, サーボ駆動部, 検出部などで構成される. サーボ機構の定義は, JIS Z 8116によれば,「物体の位置, 方位, 姿勢などを制御量とし, 目標値の任意の変化に追従するように構成された制御系」となっている. 工作機械におけるサーボ機構は, テーブルや刃物台をNCプログラムや手動操作で与えられる位置の目標値に追従させることで,

7.3 制御方式

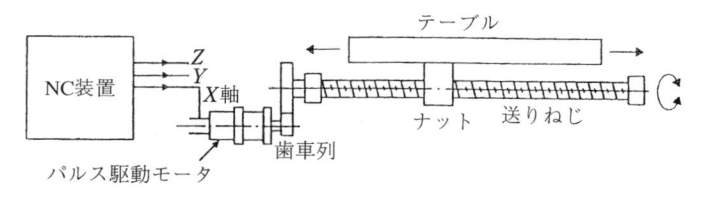

図7.1 パルスモータを用いたオープンループ方式

目的とする加工を得るものである．

　このサーボ機構の主な構成要素は，コントローラ，インタフェース，サーボアンプ，サーボモータ，ボールねじ，テーブル，位置検出器，速度検出器などがある．これらの要素の構成方法により，サーボ機構は位置や速度検出器を持たないオープンループ方式と，位置や速度検出器を持つクローズド方式に分けられる．クローズド方式は，さらに位置検出器の種類と取付け位置によって相対位置を検出するセミクローズドループ方式と絶対位置を検出するフルクローズド方式に分けられる．

　オープンループ方式では，駆動モータにパルスモータを用いて指令パルスで駆動する．図7.1にオープンループ方式の機構説明図を示す．検出器やフィードバック回路を持たないので構造は簡単であるが，パルスモータの回転精度，変速機およびボールねじの精度などの駆動系の精度に直接影響される．しかし，パルスモータは回転速度が遅くなると出力が低下し，負荷トルクの変動によって脱出トルクを越え，脱調と呼ばれる指令した位置との同期がとれなくなるので注意が必要である．また，円滑な回転を得にくいなどの欠点があるため，現状の工作機械ではほとんど用いられていない．

　セミクローズドループ（semi-closed roop）方式は，図7.2（a）に示すよう，サーボモータ軸上に位置や速度を検出するモータ回転角，回転速度検出器を取り付け，コントローラがこれらの信号を常時検出しながら機械の位置や速度の制御を行なう方式である．サーボモータの駆動装置であるサーボアンプには，速度制御機能が内蔵されたものが使用されるのが一般的である．この方式の最終の位置決め精度は，オープンループ方式と同様に，サーボモータ以降の伝達駆動系に大きく依存することになり，高精度の位置決め精

(a) セミクローズドループ方式のサーボ機構

(b) ポジションユニットを用いたサーボ機構

(c) フルクローズドループ方式による機構

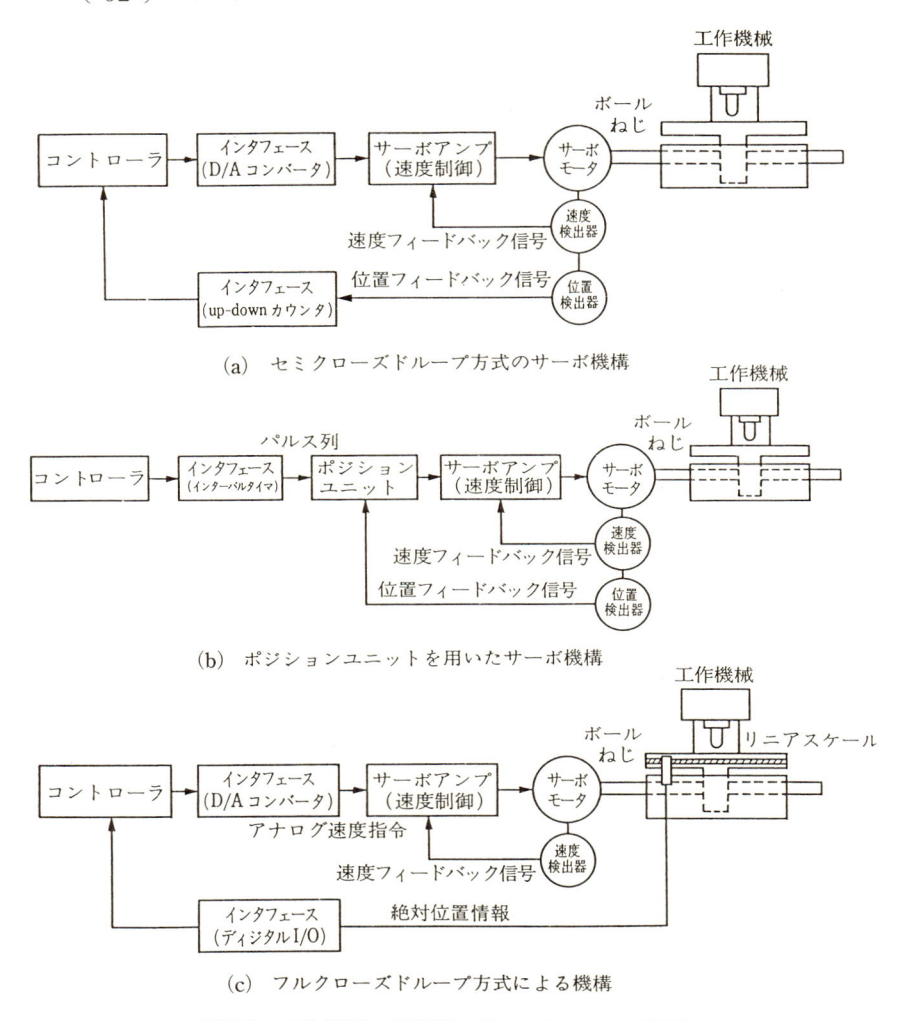

図 7.2 工作機械の駆動形に用いられるサーボ機構

度は得られない．しかし，サーボループ内には，伝達駆動系による機械振動や摩擦などの非線形要素が入らないため安定した制御が可能であることから，現在のほとんどの CNC（Computerized Numerical Control）工作機械がこの方式を採用している．

図 7.2 (b) は，サーボアンプと組み合わせて使用する位置制御装置 (position unit) を付加した方式で，位置決め制御をハードウェアで実現するものである．

図 7.2 (c) は，フルクローズド方式 (full closed roop) の説明図で，テーブルなどにリニアスケールなどの位置検出器を取り付け，伝達駆動系の精度までも制御ループに取り入れ，高精度な位置決め制御を行なう方式である．

7.4 サーボモータ

サーボモータ (servo motor) とは，連続的に変化する速度や位置の目標値に忠実に追随するよう，様々な工夫がなされているモータをいう．その一つには，応答特性を向上させるために，電気的時定数や機械的時定数を極力小さくしている点が挙げられる．また，安定した制御を行なうため，特に低回転でのトルク変動を小さく抑え，出力トルクの直線性を向上させている点も挙げられる[2]．

現在の NC 工作機械に使用されているサーボモータには，図 7.3 に示すように DC サーボモータと AC サーボモータがある．AC サーボモータには，さらに同期型と誘導型の 2 種類が使用される．

DC サーボモータは，ハウジング，界磁発生用永久磁石を固定子 (ステータ) とし，電気を電機子 (ロータ) に送るブラシおよび整流子，コイルが巻かれ，トルクを発生する電機子より構成されている．図 7.3 (a) に DC サーボモータの構造を示す．DC サーボモータでは，電機子インダクタンス，巻線抵抗，回転部の慣性モーメントがともに小さく，かつトルク定数を大きくすることによって，電気的時定数，機械的時定数が小さくなるように設計されている．特に，電機子の構造はこれらの時定数に大きな影響を与えるため，様々な工夫がなされている．中でも，コアレス DC モータはサーボモータの中で最も優れたサーボ特性を持つといわれている．コアレス DC モータの電機子は，金属鉄心のコアがないため，ロータ慣性モーメントが小さく，その結果，電気的時定数，機械的時定数がともに小さくなるためである．

AC サーボモータには同期型と誘導型がある．同期型 AC サーボモータ

第7章 数値制御 (NC) 工作機械

図 (a) DCサーボモータ
ラベル: タコジェネレータ、ブラシ、整流子、電機子鉄心、界磁極（永久磁石）、電機子巻線、回転軸

図 (b) 同期型ACサーボモータ
ラベル: レゾルバ、電機子巻線、界磁極（永久磁石）、電機子鉄心、回転軸

図 (c) 誘導型ACサーボモータ
ラベル: レゾルバ、電機子巻線、かご型コイル、電機子鉄心、回転軸

図7.3 サーボモータの基本構造

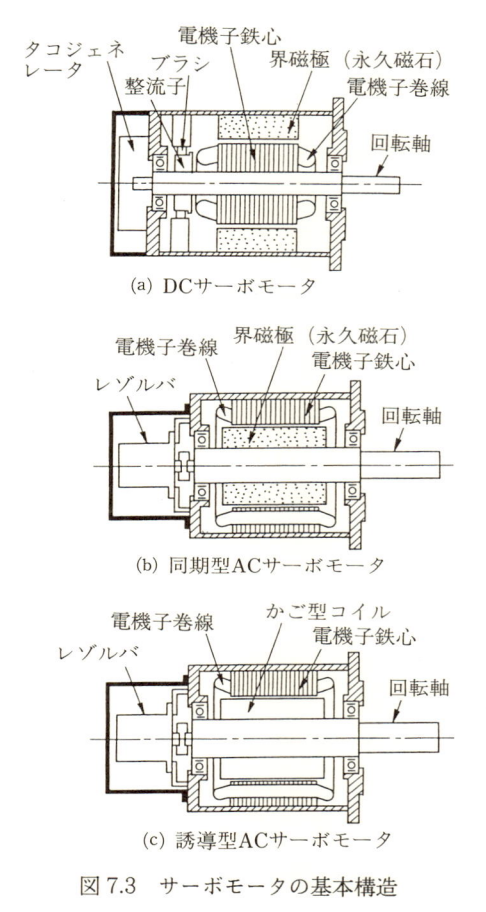

は，電機子側を固定子として永久磁石を回転子としている．図7.3 (b) に同期型ACサーボモータの構造を示す．DCサーボモータが持つ機械的な整流機構の代わりに，回転子となっている永久磁石の極磁位置を検出し，固定子になっている電機子コイルへ電流を供給する電子的な整流機構を持っている．整流機構は，電機子コイルのつくる磁界の中にある永久磁石の回転子に対して，その極磁位置に合わせて常に同じ方向へ力が発生するように電機子コイルへ供給する電流の方向を制御するように構成される．具体的には，極磁位置を検出するのに，N，Sの磁極を判別する能力を持つホール素子，あるいは回転子の角度を検出するレゾルバ (resolver) などの検出器を用い，この検出器の出力信号を使ってトランジスタスイッチをON・OFFすることにより電機子コイルへ供給する電流の方向を制御する．

　誘導型ACサーボモータは，複数相のコイルが巻かれた固定子と，固定子によりつくられる回転磁界の電磁誘導作用により生じる電流をモータの軸方向に向かわせる構造をした回転子により構成される．図7.3 (c) に誘導型ACサーボモータの構造を示す．回転子には，かご型回転子，巻線型回転子があり，前者は比較的小出力のものに，後者は中出力以上のものに用いられ

表7.1 各種モータの基本特性[2]

機種	ACサーボモータ（同期型）	ACサーボモータ（誘導型）	DCサーボモータ
モータの構造	比較的簡単	簡単	複雑
整流機構	トランジスタインバータ	トランジスタインバータ	ブラシ，整流子あり
ピークトルクの制約	磁石の減磁	特になし	整流火花，磁石の減磁
放熱	ステータコイルのみの発熱で有利	回転子，ステータとも発熱するので対策要	回転子の発熱，放熱上不利
高速化	比較的容易	容易	やや困難
大容量化	やや難	容易	難
非常制御	容易	かなり困難	容易
制御方式	やや困難	複雑（ベクトル制御）	簡単
磁束	永久磁石による	二次磁束	永久磁石による
誘起電圧	電機子誘起電圧	二次抵抗における電圧	電機子誘起電圧
整流作用	インバータ	インバータ＋滑り	ブラシ，整流子
耐環境性	優秀（防爆対応可）	優秀（防爆対応可）	火花による制約あり
保守性	メンテナンスフリー	メンテナンスフリー	ブラシ保守必要

る．

　誘導型モータは，固定子側のコイルへ交流電流を供給することにより回転子のまわりに回転磁界を発生させ，誘導作用により回転子側に発生する電流と回転子に作用する磁界との間にフレミングの左手の法則に従う方向にトルクを発生する．

　これら各種サーボモータの基本特性を 表7.1 に示す[2]．

　駆動系の構成要素であるサーボアンプでは，サーボモータの速度制御を行なう．一般的に，サーボアンプへの入力信号はアナログ電圧であり，アナログ電圧に比例した回転数でサーボモータは回転する．アナログ電圧はサーボアンプごとに異なるが，±10 V，±5 V といった値がとられる．

【問題 7.1】
　　ACサーボモータとDCサーボモータの特徴を図を描いて説明せよ．

7.5 NCプログラム

7.5.1 座標系の設定

NC工作機械では,送りと調整運動を工具運動経路(Cutter Location:CL)として制御し,その直線運動に対し座標系にX, Y, Zの直交座標を,また回転運動には,これらの座標に平行する各回転軸に対応してA, B, Cの回転座標を設定している.図7.4に示すように座標系は右手系である.X軸,Y軸,Z軸の定義に関しては,以下に示す基準で決められる.

X軸:可能な限り水平で,工作物取付け面に平行にとる.

Y軸:X軸,Z軸とに直交する方向にとり,その正の向きは右手直交座標系に従う.

Z軸:工作機械の主軸の軸線に平行にとる.

図7.5に,各種NC工作機械についての座標の設定を示す.複雑な形状の加工では制御する軸数が多くなる.

図7.6は,5軸制御マシニングセンタ(Machining Center:MC)の制御方式の概略を示す.さらに必要な場合,補助軸が追加設定される.直線運動X, Y, Zのそれぞれに平行に運動の座標にU, V, W(さらにP, Q, R)を

(a) X軸,Y軸,Z軸の定義　　(b) 回転軸の定義

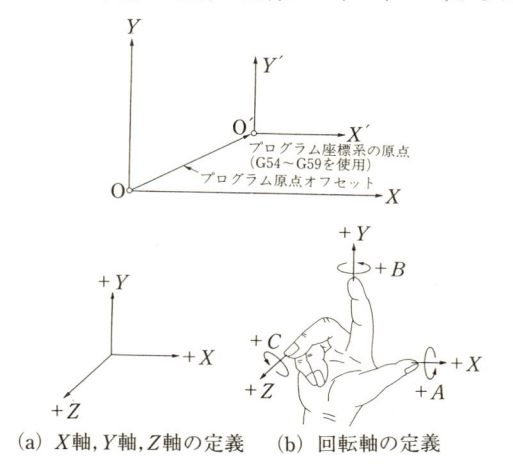

図7.4　工作機械における座標軸

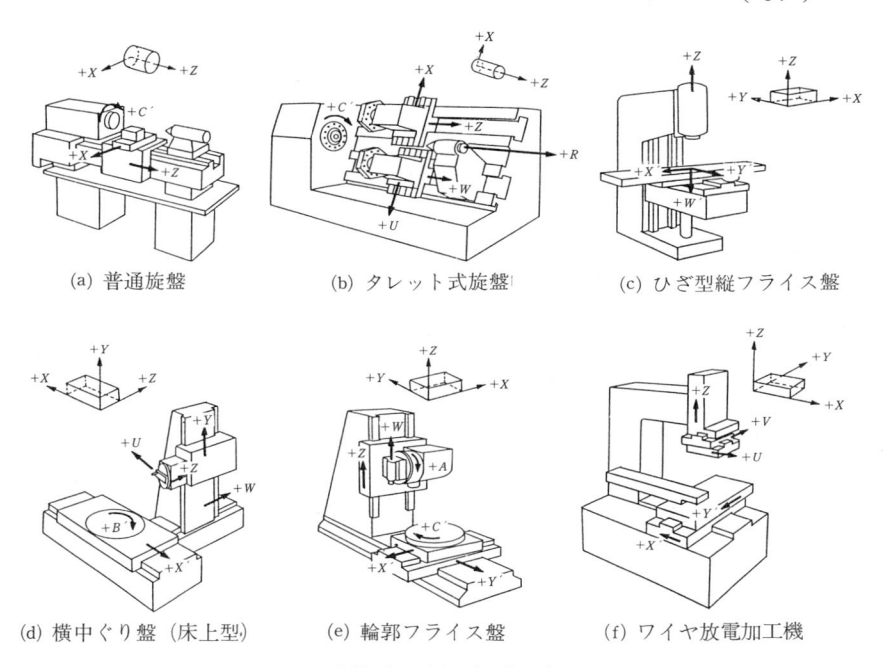

(a) 普通旋盤　　(b) タレット式旋盤　　(c) ひざ型縦フライス盤

(d) 横中ぐり盤（床上型）　　(e) 輪郭フライス盤　　(f) ワイヤ放電加工機

図 7.5　工作機械の座標系の例（JIS B 6310）

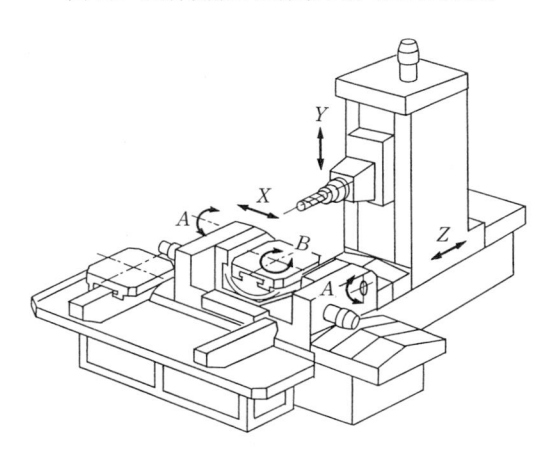

図 7.6　5 軸制御方式のマシニングセンタの制御軸

第7章 数値制御（NC）工作機械

使用し，その補助運動のまわりの旋回運動には D または E を使用する．

7.5.2 NCコード

これらのNC工作機械の基本機能を実現するため，数値制御装置には種々の機能が用意されている．それらは五つの機能に分類され，F機能，G機能，S機能，M機能，T機能と呼ばれ，それぞれにNCコードが用意されている．こうしたNCコードは，各種工作機械に共通で，JIS B 6314により標準化されている．その内，準備機能（preparatory function）であるG機能と

表7.2 Gコードの種類と機能

コード	機能	コード	機能
G 00	位置決め	G 45	工具位置オフセット②，＋／＋
G 01	直線補間	G 46	工具位置オフセット②，＋／－
G 02	時計方向の円弧補間	G 47	工具位置オフセット②，－／－
G 03	反時計方向の円弧補間	G 48	工具位置オフセット②，－／＋
G 04	ドウェル	G 49	工具位置オフセット②，0／＋
G 05	未指定	G 50	工具位置オフセット②，0／－
G 06	放物線補間	G 51	工具位置オフセット②，＋／0
G 07	未指定	G 52	工具位置オフセット②，－／0
G 08	加速	G 53	直線シフトのキャンセル
G 09	減速	G 54	X軸の直線シフト
G 10 ～G 16	未指定	G 55	Y軸の直線シフト
		G 56	Z軸の直線シフト
		G 57	XY面の直線シフト
G 17	XY面の選択	G 58	XZ面の直線シフト
G 18	ZX面の選択	G 59	YZ面の直線シフト
G 19	YZ面の選択	G 60	正確な位置決め1（精密）
G 20 ～G 24	未指定	G 61	正確な位置決め2（普通）
		G 62	迅速位置決め（粗）
G 25 ～G 29	今後とも指定しない	G 63 ～G 79	未指定
G 30 ～G 32	未指定	G 80	固定サイクルのキャンセル
		G 81 ～G 89	固定サイクル
G 33	一定リードのねじ切り	G 90	アブソリュートディメンション
G 34	漸増リードのねじ切り	G 91	インクレメンタルディメンション
G 35	漸減リードのねじ切り	G 92	座標系設定
G 36 ～G 39	今後とも指定しない	G 93	時間の逆数で表された送り
		G 94	毎分当り送り
G 40	工具径補正および工具位置オフセット②のキャンセル	G 95	主軸1回転当り送り
		G 96	定切削速度
G 41	工具径補正―左	G 97	定切削速度のキャンセル
G 42	工具径補正―右	G 98	未指定
G 43	工具位置オフセット①	G 99	
G 44	工具位置オフセット①のキャンセル		

7.5 NCプログラム

表7.3 Mコードの種類と機能

コード	機能	コード	機能
M 00	プログラムストップ	M 46	未指定
M 01	オプショナルストップ	M 47	
M 02	エンドオブプログラム	M 48	オーバライド無視のキャンセル
M 03	主軸時計方向回転	M 49	オーバライド無視
M 04	主軸反時計方向回転	M 50	クーラント3
M 05	主軸停止	M 51	クーラント4
M 06	工具交換	M 52 〜M 54	未指定
M 07	クーラント2		
M 08	クーラント1	M 55	位置1への工具の直線シフト
M 09	クーラント停止	M 56	位置2への工具の直線シフト
M 10	クランプ 1	M 57 〜 M 59	未指定
M 11	アンクランプ 1		
M 12	未指定1		
M 13	主軸時計方向回転およびクーラント	M 60	工作物交換
M 14	主軸反時計方向回転およびクーラント	M 61	位置1への工作物の直線シフト
		M 62	位置2への工作物の直線シフト
M 15	正方向運動	M 63 〜M 67	未指定
M 16	負方向運動		
M 17	未指定	M 68	クランプ2(2)
M 18		M 69	アンクランプ2(2)
M 19	定回転位置に主軸停止	M 70	未指定
M 20 〜M 29	今後とも指定しない	M 71	位置1への工作物の旋回シフト
		M 72	位置2への工作物の旋回シフト
M 30	エンドオブテープ	M 73 〜M 77	未指定
M 31	インタロック バイパス		
M 32 〜M 35	未指定	M 78	クランプ3
		M 79	アンクランプ3
M 36	送り範囲1	M 80 〜M 89	未指定
M 37	送り範囲2		
M 38	主軸速度範囲1	M 90 〜M 99	今後とも指定しない
M 39	主軸速度範囲2		
M 40 〜M 45	歯車交換(2)		

(機能＋機能パラメータの指定)×nワード(アドレス＋データ)

```
G 01  X 200  Y 300  F 100
```

ワード＝アドレス＋データ
ブロック＝ワード×n
プログラム＝ブロック×m

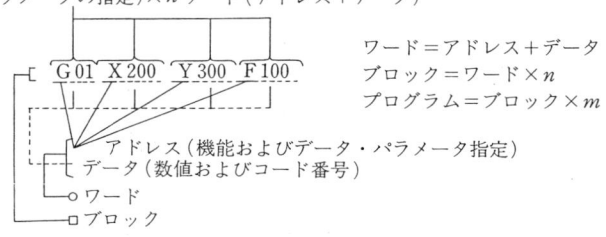

アドレス(機能およびデータ・パラメータ指定)
データ(数値およびコード番号)
ワード
ブロック

図7.7 数値制御コード

補助機能 (miscellaneous function) である M 機能の各コードと個々の機能を表7.2 と 表7.3 に示す．

また，図7.7 に NC コードの構成を示す．NC コードの基本要素はワードと呼ばれ，ワードはさらにアドレスとデータで構成される．アドレスはワードの機能を表わすもので，具体的には F (F機能)，G (G機能)，S (S機能)，M (M機能)，T (T機能) と，駆動軸を表わす X，Y，Z，A，B，C がある．アドレスに続くデータ部には，数値もしくはコード番号が入り，ワードを構成する．複数のワードで1ブロックが構成され，ブ

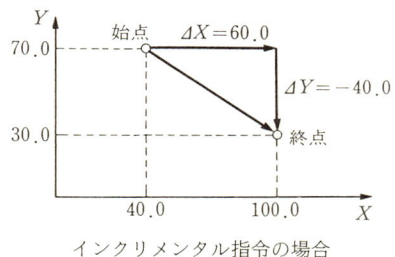

インクリメンタル指令の場合
G 91 X 60.0 Y-40.0
アブソリュート方式の場合
G 90 X 100.0 Y 30.0

図 7.8 インクリメンタル方式とアブソリュート方式

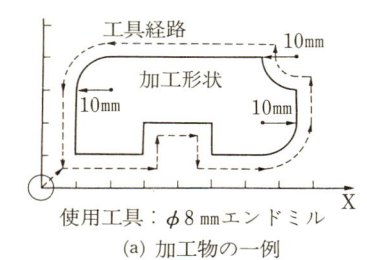

(a) 加工物の一例

```
N001 G92      X0   Y0   Z0              M03
N002 G90 G42 G17 G01 D03 X10 Y10 F200       ; G17で工具進行方向に
N003                     X30                  対し右側へオフセット
N004                         Y20              をかける．D03でオフ
N005                     X50                  セット量を指示
N006                         Y10
N007                     X65
N008 G03                 X75 Y20 I0 J10     ; 反時計回りの円弧補間
N009 G01                     Y30
N010 G02                 X65 Y40 I0 J10     ; 時計回りの円弧補間
N011 G01                 X20
N012 G03                 X10 Y30 I0 J-10    ; 反時計回りの円弧補間
N013 G01                     Y10
N014 G40
N015 G00                 X0   Y0            M05
N016 M30
```

(b) プログラム (NCコード)

図 7.9 NC プログラムの例[2)]

ロックの集まりで一つの NC プログラムが構成される．データには，各駆動軸の移動量を表わすデータがある．このデータには，図 7.8 に示すようにインクリメンタル方式とアブソリュート方式がある．これらを指示する NC コードとして G 90，G 91 が用意されている．

図 7.9 に，エンドミルによる溝切りの NC プログラムの例を示す[2]．

☆　☆　☆　chat room　☆　☆　☆

　NC 駆動装置の発展により，自然界の現象を巧みに捉えた加工機が実用化されおおいに普及した．

　その一つは，雷現象から由来する放電加工機である．電極と加工物を高電圧に保ち，両者を近づけて放電させ，両者の間にある油あるいは水を気化させ，衝撃力を与え加工物を分子レベルで加工していく．特に，細い（$\phi 0.1 \sim 0.25$ mm）黄銅などの金属線を放電電極とするワイヤカット放電加工機は，テーブルの NC 駆動装置とあいまって発展し，各種造形法に用いる金型の製作にはなくてはならない存在になっている．また，光を応用したレーザ加工機も，基盤などの電子部品の製造分野などで大活躍している．加工物を NC 駆動装置することはワイヤカット放電加工機の場合と同様である．さらに，音を応用している超音波加工機も発展している．超音波の利用は，加工機の他にソナー（魚群探知機も含む）や診断装置など大変応用範囲が広い．

参考文献

1) 山岸正謙：図解 NC 工作機械の入門，東京電気大学出版局．
2) 佐久間敬三・斎藤勝政・吉田嘉太郎・鈴木　裕：工作機械―要素と制御，コロナ社 (1992)．

第II部　生産工学

第8章　生産工学入門

8.1　生産とは

　生産とは新しい物をつくり出す活動であり，しかもそれがわれわれにとって価値あるものでなくてはならない．新しい物を生産するためには，まず社会のニーズに沿って何をつくるか，あるいは，顧客の要求に対して検討を行ない，そこから具体的な形にするための設計が始まり，どのようにつくるか，生産の手順，計画を決める必要がある．その後に実際の生産がなされ，完成した部品や製品が搬送・出荷される．生産活動は，このように物を生産するための要求から始まり，われわれの手に届くまでの行為や過程によってなされている．

　図8.1は，生産活動の流れを図式化したものである．生産活動の流れは，大きく「情報の流れ」と「物の流れ」に大別できる．情報の流れは，さらに「技術情報」と「管理情報」に分けることができる．

　技術情報は，部品や製品をどのように生産するかという技術や手法の情報で，主として「製品設計」，「工程設計」，「作業設計」などの工程で扱われる．技術情報は，実際の「加工」，「組立て」および「検査」を行なうための基本的な情報となる．

　一方，管理情報は，いつまでにどのくらいの数量を生産するのかといった「生産計画」に関する情報と，実際の生産が要求どおりに実施されているかどうかという「生産管理」に関する情報とがある．生産活動の効率のよい運用のために，生産計画では，工場の設備，要員，素材の手配，費用，さらに納期に関する情報を基礎に生産スケジュールをたてなければならない．また，実際の加工が始まると，生産スケジュールに沿って作業が進んでいるか，部品や製品が要求どおりにつくられているかどうかなどの「品質管理」を行ない，さらに機械設備の管理のために「保守・保全」の情報も扱う必要がある．

第二次世界大戦後の数十年間に，われわれの社会では「第1章 工作機械の歴史」で紹介した産業革命に匹敵する情報革命が起こっている．図8.1に生産活動の流れを示す．この図には情報革命を通じて導入されたCAD/CAM，CAEといった英語で表わされる概念が多く示されている．技術情報と管理情報をコンピュータで統括するCIMという概念もますます広く生産活動に応用されるようになている．

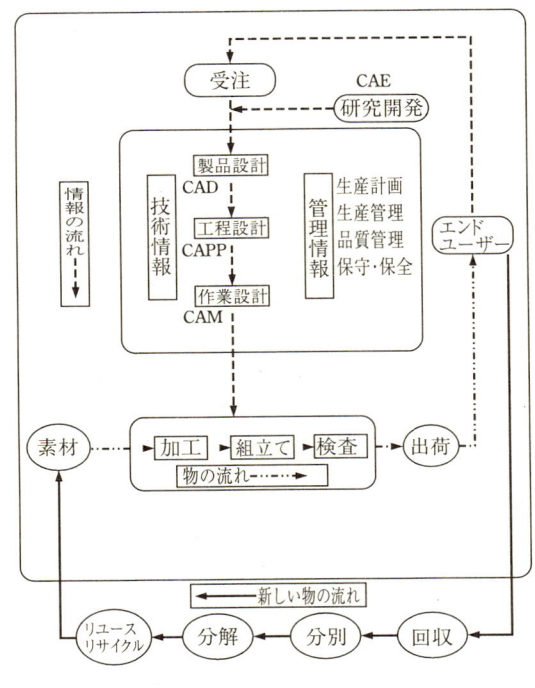

図8.1 生産活動の流れ

これらのIT時代の生産システムについては第9章で詳述する．また，生産活動の重要な柱である品質管理については第10章で説明する．

8.2 トヨタ生産方式

トヨタ生産方式は，日本の土着の思想を基礎とし，フォードシステムを追い越そうとして生まれた生産システムである．その代表的な標語がかんばん方式であったり"ニンベン"のある自働化であったりするので，ある意味では，先進諸国にはわかりづらい生産方式であろう．

生産工学入門として，この日本人にわかりやすい生産システムの概要をトヨタ生産方式の産みの親である大野耐一氏の著書[1]から紹介する．

8.2.1 ジャスト・イン・タイム

トヨタ生産方式の基本思想は徹底したムダの排除であり，それは，① ジャ

スト・イン・タイム，②自働化の2本の柱で成り立っている．

ジャスト・イン・タイムとは，例えば，1台の自動車を流れ作業で組み上げていく過程で，組付けに必要な部品が，必要なときにそのつど必要なだけ生産ラインの脇に到着するということである．その状態が全社的に実現されれば，物理的にも財務的にも経営を圧迫する在庫をゼロに近づけることができる．

生産管理の面からいっても，この状態は理想の状態である．しかし，自動車のように優に1万個を越える部品から成り立っている製品では，すべての工程を合わせると，その数は膨大なものになり，それらすべての工程の生産計画をジャスト・イン・タイムにもっていくことは至難の業である．

この至難の業であるジャスト・イン・タイムを実現させるために考え出された発想は，「後工程が前工程に，必要なものを必要なとき必要なだけ引き取りに行く」という考え方であり，「前工程は引き取られた分だけつくればよい」

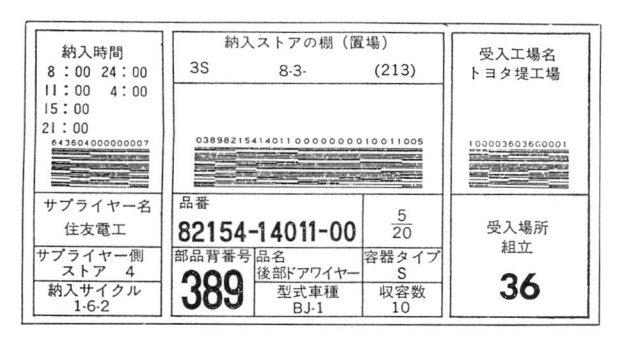

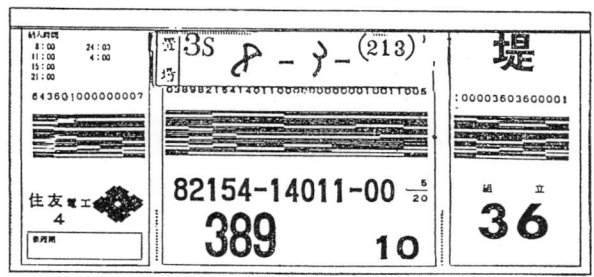

図8.2　実際の かんばん[2)]

ということである．そして，たくさんの工程をつなぐ手段としては，「何を，どれだけ」欲しいのかをはっきりと表示する．それを「かんばん」と称して，各工程間を回すことによって，生産量すなわち必要量をコントロールする．

　この考えに基づいて，まず最終の組立てラインに生産計画を示し，必要な車種を必要なときに必要なだけ欲しいと指示する．その結果，組立てラインで使われる各種の部品を前工程に引き取りに行くという管理方法を行なうことになる．そして製造工程を前へ前へとさかのぼり，素形材準備部門まで連鎖的に同期化してつながり，ジャスト・イン・タイムの条件を満足させることになる．これによって，管理工数も極度に減少させることができる．このときに引取り，あるいは製造指示の情報として使われるのが「かんばん」である．図8.2に，実際に製造現場で使用された「かんばん」の実例を示す[2]．

8.2.2　自働化

　トヨタ生産方式のもう一つの柱とは自働化である．自動化ではなく"ニンベン"の付いた自働化である．

　"ニンベン"のある自働化の意味は，自動停止装置付きの機械をいう．例えば，定位置停止方式とかポカよけ方式である．そのほか色々な安全装置が付加されている．機械に人間の知恵が付けられているのである．

　図8.3に定位置停止方式の例を示す[3]．洗浄機は，ワークを回転させながら穴の中の切りくずを飛散させる働きをする．定位置停止の方法は，ばね付きピンとへこみを付けた止め板を組み合わせたものである．洗浄後の自然停止状態で，常に同じ回転位置でワークは停止する．

　　　　　　　　　　　　　　　　　　　　また，図8.4に穴の未加工のポカよけの例を示す[3]．$\phi 8mm$の穴加工の次の工程に付けたポカよけである．次工程でドリルヘッドが加工するときにLSW（光スイッチ）の

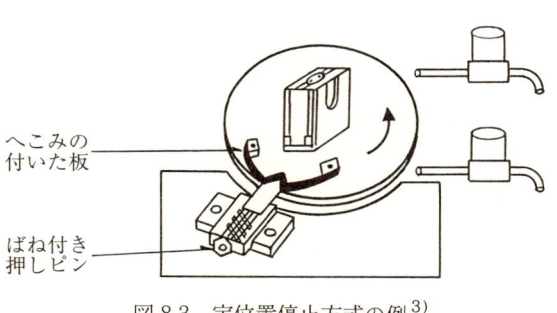

図8.3　定位置停止方式の例[3]

光端がφ8mmの穴に入る仕組みになっている．未加工やドリル折損による穴の深さの短いものには，LSWが働いて次工程の機械が停止する．

このように，自動機に"ニンベン"を付けることは，管理という意味をも大きく変えるのである．すなわち，人は正常に機械が動いているときには

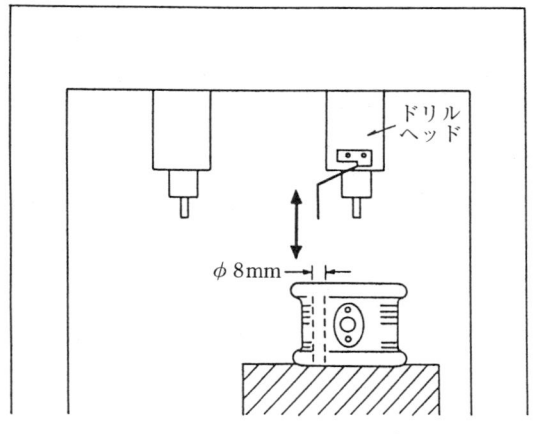

図8.4 穴未加工のポカよけ[3]

必要とされず，異常でストップしたときに，はじめてそこへ行けばよいからである．そのため，1人で何台もの機械が持てるようになり，工数低減が進み，生産効率は飛躍的に向上する．

8.2.3 ムダの徹底的分析

トヨタ生産方式は徹底したムダの排除を根本にしている．「ムダというものは，いったいなぜ発生するのか」の問いを発することが企業存続の条件である利益の意味を問うことになるという．トヨタ生産方式では，ムダを徹底的に排除するために，ムダの徹底的な摘出が行なわれ，次の「トヨタ七つのムダ」に集約されている．

(1) つくり過ぎのムダ
(2) 手待ちのムダ
(3) 運搬のムダ
(4) 加工そのもののムダ
(5) 在庫のムダ
(6) 動作のムダ
(7) 不良をつくるムダ

これらのムダそれぞれに生産現場に携わった人でなければ理解できない含

蓄がある．それらの深い意味について以下に解説する[2]．

　第1のつくり過ぎのムダは原因系を述べていて，結果としては中間工程の仕掛かり品のムダとなったり，製品倉庫の在庫のムダになる．つくり過ぎには，量的なつくり過ぎと先行生産的なつくり過ぎがある．

　第2の手待ちのムダは結果をいった言葉である．原因系としては工程編成上の手待ちのムダがある．例えば，1人が1台の機械で仕事をしている場合の閑視作業などがある．すなわち，漠然と機械を監視していれば仕事をしているという勘違いである．機械が切りくずを出してさえいれば，作業者も仕事をしているという錯覚である．他に工程トラブルの発生による手待ちのムダ，例えば欠品によるラインストップ，段取り換え，不良，機械の故障などによるラインストップという手待ちがある．

　第3の運搬のムダは，レイアウトと物づくりの仕組みが原因である．物の流れ線図を描いて発見することができるムダで，仮置き，積み換え，ジグザグ運搬，重複運搬ということなどに起因している．

　第4の加工そのもののムダには，目で見てわかる加工のムダと目で見てわからない加工のムダがある．前者には過度の取り代やバリ取りなどがある．後者にはNCプログラム作成上のムダで，例えば過度の工具交換や無意味な工具回転（エアーカット）などがある．新しいNCプログラムには，通常30％程度の無意味な加工があるといわれている．

　第5の在庫のムダは，第1のつくり過ぎのムダと本質的には同じである．したがって，在庫をつくる仕組みのムダといった方がわかりやすい．営業を含めた全社的な仕組みのムダを考慮する必要がある．

　第6の動作のムダは，作業者をよく観察していれば発見できるムダである．例えば，われわれが料理をつくるとき，料理の進行中に，そのつど台所をあちこち動き回り各種の調味料を取りに行くような場合が多い．あらかじめ料理のプランをたてて必要な調味料を順次並べておけば，このような動作のムダを防ぐことができる．

　第7の不良をつくるムダは，その真意は（手直し・調整）不良の原因が見えないムダである．手直し・調整を含める理由は不良発生と同様に，ラインが

止まるか,ラインの流れ時間にばらつきが生じ,時間当たり出来高を達成できないからである.

以上の七つのムダを徹底的に排除することによって,作業能率を大幅に向上させることが可能になる.

8.2.4 ゼロ段取り

ゼロ段取りというトヨタ生産方式を成功させるための生産現場での現実的なムダ取り,生産時間の短縮を実現するための生産方式を紹介する.切削加工やプレス加工,射出成形などでの実際の作業時間は現場での工夫だけでは短縮できない.しかし,その作業に入る前の段取り換え,すなわち加工物や工具の設定といった準備段階での時間は,作業者の意識,その工場トップの意識改善によって驚くほど短縮される.

段取りの改善は,われわれの生活に当てはめてみれば,自身の意識の改革を通じて色々な生活活動における時間のムダを省くことと同様なことである.例えば,朝起きてから職場や大学に向かう間でもムダを省こうとする意識を持って行動することによって,驚くほどのムダを省くことができる.工具箱のようなものを用意して,朝必要とする小物類をいつもそこに保管しておくだけで朝の大騒ぎを防ぐことができる.飲食店,ファーストフード店などでの調理,食器類の洗浄などの作業の手際のよさは,まさにこの段取り改善の努力の結果によるノウ・ハウの蓄積と捉えることができよう.

以下に,トヨタ生産方式の段取り改善を紹介する.トヨタ生産方式の段取り改善を実施した具体例では,2～3時間の段取り時間をゼロ段取り(3分以下の段取り時間)まで改善したプレス加工現場が紹介されている[1].

まず,プレス加工,機械加工などの様々な加工工程に共通で重要な段取り改善を抽出してまとめた段取り改善の八つの定石が示されている.その定石とその意味する内容を以下に示す.

【定石1】準備しうるものは前もってすべて準備せよ

われわれの日常生活にもいえることであるが,仕事に入る直前に何かが足りなくてあわてることがある.これから始める作業段取りを頭に入れたなら,その作業に必要な工具類,測定器類をきちんと整理してすぐに手にする

ことができるように配置しておく．

【定石2】手は動かしてもよいが足は動かすな

　なるべく歩くことが少ないような作業手順，工程を考える．ムダ取り発想法と共通な問題になるが，ラインを組み換えて作業者の移動をできるだけ押さえる作業順序を考えて実行する．

【定石3】ボルトを見たら親のカタキと思え，徹底的に取れ

　親のカタキとはまた古風な講談的表現で，現代の若者が親のカタキのために自分を投げ出しても復讐するかどうか判断は難しいが，製品や，それを加工する治具，工具にできるだけねじ止めは避けろという意味である．

【定石4】ボルトは取るな，外すな

　定石3とは相反する命題のようであるが，この場合，製品や工具の固定にボルトが仕方なく使用されている場合には，ボルトをいちいち抜く作業を省くような工夫をしろという意味である．ボルトに関するこの二つの定石は非常に多くの現場作業に出くわすので，このような面白い表現になったのであろが，それだけに段取り改善には効果が抜群のようである．

【定石5】型や治具の基準は動かすな

【定石6】調整はムダ．動かすなら先端部の小物を動かせ

　小物とはリング，コマ，ブロック，スペーサなどである．

【定石7】目盛りを見ての調整作業はすべてブロックゲージ化せよ

　選択はよいが調整はムダである．

【定石8】突き当て基準（ストッパ）やガイドを設定せよ

　定石5から定石8は金型やドリル，フライスカッタなどの工具を工作機械に取り付ける際の段取りの改善法についてのノウ・ハウについて的確に記述している．現場で働いている技術者には，「はた！」と手を打つ名言ではあるが，現場経験のない学生諸君には，「馬の耳に念仏」であるかも知れない．しかし，機械工作実習や卒業研究といった実際の加工や実験を伴う作業を行なう場合には，上記の具体的な段取り改善のノウ・ハウを体験することになる．

　トヨタ生産方式では，実際のプレス加工や機械加工の現場において，ゼロ段取りを行なおうとするときの従来の作業手順を改善していくためのステッ

プを多くの改善事例から以下の八つのステップにまとめている．
　ステップ１：段取り換え損失時間の実態把握
　ステップ２：トップの決意表明と段取り改善推薦チームの編成
　ステップ３：改善の重点がわかったら現場観察，稼働分析
　ステップ４：分析結果を三つのムダ（交換のムダ，調整のムダ，準備のムダ）に整理
　ステップ５：ムダ取りの発想は，結論発想法
　ステップ６：旗展開（皆でやる改善実施計画の作成）
　ステップ７：改善実施
　ステップ８：評価と横への展開
　以上紹介したトヨタ生産方式の主要な１部門である段取り改善の八つの定石，八つのステップを実践して，多くの企業の様々な加工の現場で段取り改善がなされてきている．

☆　☆　☆　chat room　☆　☆　☆

　日本史上，段取り改善や広い意味での生産方式の極意に通じ，そのことによって驚異的な出世，自身の栄達を成し遂げたのは豊臣秀吉ではないだろうか．

　秀吉が最初に主君 信長にその才覚を認められたのは清洲城の城壁の修復であるという．次いで，彼の出世の登竜門として最も有名な「墨俣の一夜城」築城がある．墨俣は信長の美濃攻略戦略の拠点で，ここに砦を築かなければ美濃攻略は不可能であった．蜂須賀小六を頭領とする川並衆と呼ばれた木曽川七流の野武士集団とともに，木曽川上流の木々を筏に組んで運び，馬柵の取付け作業を一気に行ない，敵の襲撃を避けながら３日の突貫作業で築塁に成功したという．

　また，彼の生涯最大の勝負どころの備中大返しといわれる電撃作戦の成功がある．信長が本能寺で討たれたという報を得た３日後には，彼の大軍は疾風迅雷の大撤退を行なった．武器，弾薬の輸送，食料の調達，将兵の移動の安全などをすべて完璧に運営した結果，３日で高松から姫路に帰陣したという．

（この文章は主に，「津本　陽：秀吉私記，角川書店（1996）」に依っている）

8.3 MRP

MRP (Material Requirements Planning) は，コンピュータの使用を前提とした生産・在庫管理手法であり，1960年代初頭に IBM が最初のシステムを開発して以来，世界中にその考え方が急速に広まった．日本語では資材所用量計画と呼ばれており，生産計画・管理の方法としてトヨタ生産方式と双璧をなすものである．

MRP そのものは，最終製品が必要とする構成部品の必要量を決める基本的な計算をいうが，広い意味では生産計画と生産実施に関わる総合的手続きである．近年の急速な情報革命によく対応でき，現在では図8.5のようなCAD/CAMをも統括した総合的生産計画・管理システムとなっている．いい換えれば，総合的生産計画・管理の大きなソフトウェアである．

このシステムは，受注や需要予測に基づく生産計画を入力情報として生産すべき製品の種類と数量を設定する．そして，製品の生産に必要な加工設備の所用能力を決定する．次いで，定められた基準生産計画の製品構成の部品展開をCADによって行ない，各部品の総所要量を算出する．さらに，CAMソフトによって予測される在庫ファイル内の各部品の在庫情況と比較して正味の所要量を計算する．次に，適当な

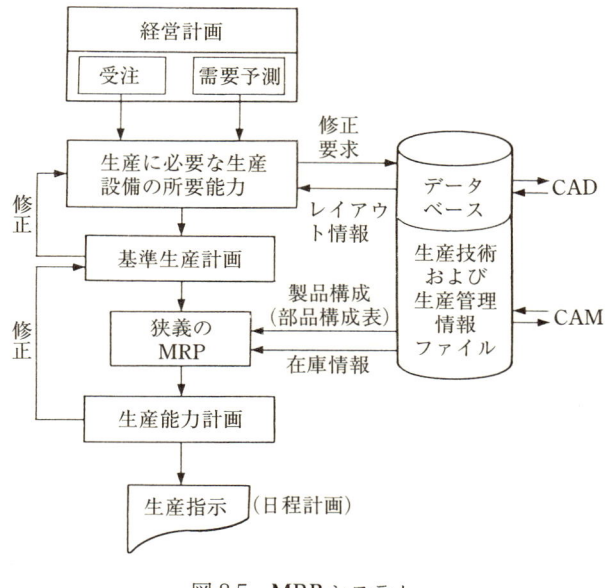

図 8.5　MRP システム

ロット（lot：生産の単位としての製品の集まり）編成法で各部品の正味所用量をロットにまとめ，資材が投入されてから完成するまでのリードタイム（lead time：製品の企画から完成までの所用時間）を考えながら先行計算をする．

　このようにして部品展開を次々に行ない，すべての製品・部品について，その必要となる時期と数量を算出すると，これを生産する能力，すなわち能力所要量計画が決定される．また，この計画が実行不可能であることがわかれば，ロットの分割やリードタイムの変更をするなどの基準生産計画の修正を行なう．

8.4　治　　具

　機械加工や測定の際に，工作物の位置を決めて工作機械や測定機に固定し，加工や測定を容易に安全に行なうための工具を治具（jig）という．治具は，また加工精度の向上，工具の案内，切りくずの排除といった役割をも担う．段取り改善を実施していく現場を見ると，技術者個人に要求される重要な技術の一つが治具のアイデア，設計であることがわかる．

　良い治具を設計・製作することにより，次のようなことが可能となる．
(1) 取付け，調整時間を減少させる（段取り改善）．
(2) 特殊作業である工作物の位置の調整と固定といった作業を未熟練の作業者でも容易に行なえる作業に変換する．
(3) 工作物の精度を向上させかつ均一化する．
(4) 作業の安全性を上げる．

　治具設計には色々な経験と知識が必要であるが，設計の際に考慮しなければならない設計原理が幾つか考えられる．この設計原理について以下に述べる[4]．
(1) 設計者は一つの治具で，できるだけ多くの加工が行なわれるよう考慮しなければならない．
(2) 工作物は正しい位置に固定されなければならない．その向きや上下左右が誤っていると，製品不良の原因になる．

(3) 取付けや取外しが簡単で，動作が最小ですむように設計されなければならない．ワンタッチで締付け動作を完了できるものが望ましい．
(4) クランプ（押さえ）は，できるだけばねなどの弾性体を介して行なわれるのがよい．クランプを操作するハンドルおよびレバーに作動上の余裕が取れるからである．
(5) 工作物の支持は安定していなければならない．調整不要で3点支持されることが望ましい．
(6) 治具を構成する各部品は，壊れたり，摩耗した場合に容易に交換できるように設計する．
(7) 治具の設計に際しては，作業者の安全に十分配慮しなければならない．

以下に，工作物をフライス盤やボール盤，あるいはマシニングセンタやターニングセンタに固定するための治具のうち，よく使用されるものを紹介することにより，治具とは何か，その設計の要点を伝えたい．このような一般的な治具を基本形として，技術者は段取り改善の問題に応じて臨機応変に治具の改良を行なっていくことが大切である．

図8.6にレストボタン（rest button）を示す．加工物を適切な位置に支えるための支持点を与える治具である．これは取付け・取外しが容易で，切りくずの掃除も容易にできる．ボタンは上面

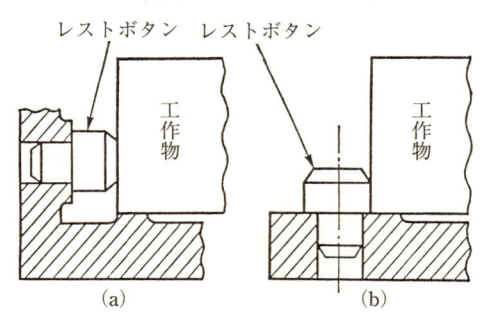

図8.6 レストボタン

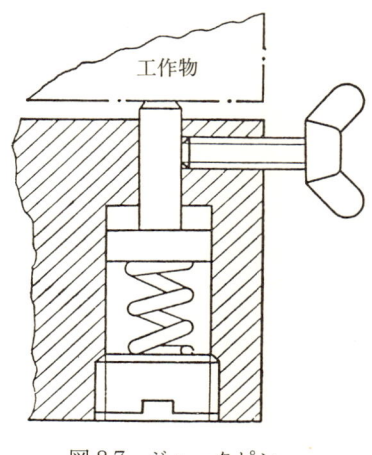

図8.7 ジャックピン

を利用するだけでなく，側面をも利用する．加工物ごとに高さが変わるときにはジャックピン（jack pin）を用いる．図8.7にこの説明図を示す．これは，レストボタンの背部にばねを配して高さを調整し，側部をねじ止めする．

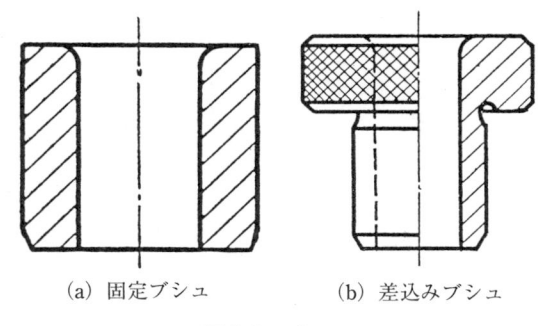

(a) 固定ブシュ　　(b) 差込みブシュ

図8.8　ブシュ

ドリルやリーマの案内として用いられる治具にブシュ（bush）がある．ブシュには，つば付きのものとつばなしの2種類がある．また，圧入して固定する固定ブシュと手で自由に抜き取れる差込みブシュがある．材料はSK5，またはこれと同等以上のものを用い，硬度はH_RC60以上とし，内外円筒面の粗さは3-Sを原則とする．JIS B 5201に形状，寸法，精度が規定されている．図8.8にブシュの例を示す．

軸物や類似の円筒形加工物を機械テーブルに固定するための治具として，Vブロック（V block）がある．図8.9にVブロックの例を示す．直角な台座に円筒加工物を乗せ，そのVブロックはそれ自体，あるいは加工物とともに機械テーブルに固定される．

フライス盤や形削り盤に工作物を保持，固定するための治具としてクラン

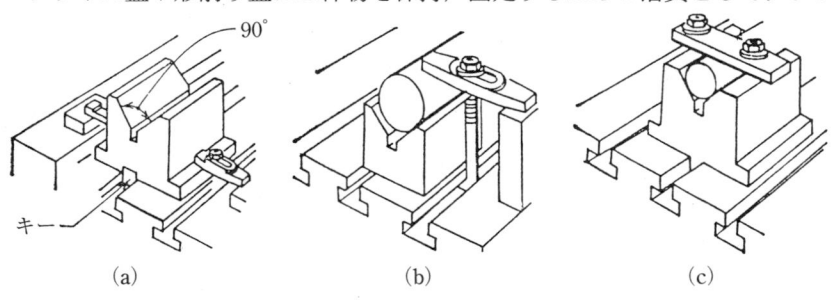

(a)　　(b)　　(c)

図8.9　Vブロック

(116)　第8章　生産工学入門

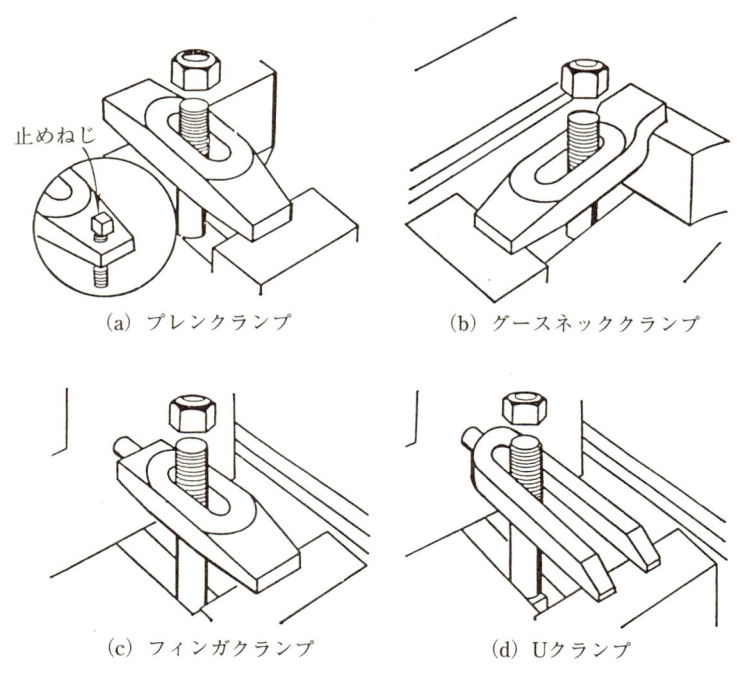

止めねじ

(a) プレンクランプ　　　　　(b) グースネッククランプ

(c) フィンガクランプ　　　　(d) Uクランプ

図 8.10　クランプの例

プ (cramp) がある．図 8.10 にその例を示す．

　実際の段取り改善の場合，メカトロニクスの知識をもって自動化装置としての治具をつくる場合が多い．自動化に用いられる治具は，次のような条件を備える必要がある．
(1) 加工物の自動供給に便利な構造であること．
(2) 加工物の自動排出に便利な構造であること．
(3) ドリルの案内性と切削油や切りくずの排出性がよいこと．場合によっては強制清掃機能を組み入れる．
(4) 加工物の位置決め，角度割出しが単純かつ確実であること．
(5) 固定は強力であるが，固定力の調節ができること．
(6) 各部品は，摩耗に対して十分な硬化処理を施し，摩耗箇所は交換できるような設計にしたい．

☆　☆　☆　chat room　☆　☆　☆

　半世紀前までは，何台もの旋盤の動力を1台のメインモータからベルトを介して取っていたという．最近まで，このような工場が中小企業が集中する東京都 大田区にあり，実際に仕事をやっていたという．
　「大森界隈職人往来」[4]の著者である小関智弘氏は，この地域で数十年旋盤の仕事をされかつ，文章をも書いてこられた．小関氏の著書のうちの何作かは直木賞候補に挙げられている．この「大森界隈職人往来」から，旋盤による職人業の加工法や治具の工夫，旋盤工といわれる人々の仕事ぶりの一端に触れることができる．以下に，その文章を引用する．
　入ろうと思えば人間ひとりすっぽり入ってしまうほどの大きさの，壺のような形をした鋳鋼の部品が東亜工器の職場に持ち込まれたとき，誰いうともなく，それをコケザルの壺と呼んだ．丹下左膳のコケザルの壺が出るあたりは，町工場らしいのだろう．上下に口もとをくびれさせた形は壺に似ている．
　図面を見るまでは，わたしもまさかそれを旋盤で削るのだとは思わなかった．しかも削るのは壺の外側ではなくて内側だった．大きいほうの口もとは三百ミリもあったが，壺のいちばんふくらんでいるあたりの直径は六百ミリもあった．もう一方の口は百ミリほどの小さな孔だから，無きに等しい．壺の内面はいくつかの円弧を結んで，滑らかに仕上げなければならぬという．わたしは腕を突っ込んで，その壺の内側を撫でながら考え込んでしまった．いちばん深いところは，肩まで突っ込んでようやく指先が届くほどの深さだった．
　「粘土細工じゃあるまいし，このなかをどうやって仕上げろというんだろう」．仲間の機械工も，わたしの真似をして腕を突っ込んだ．彼も，ロクロをゆっくりまわしながら陶土をせりあげてゆく陶芸家の手つきを思い出したにちがいなかった．
　コケザルの壺は，石油の井戸を掘るために使うポンプの部品だということだった．ざらざらした鋳肌の内面を旋盤で削って滑らかにするのは，圧力をかけたときの流動性をよくするためなのか，メッキや化学処理をほどこすために必要なのか，わたしの職場にはときおりこういう難儀な品物が持ち込まれる．その壺も，いくつかの工場で断られたあげくに持ち込まれたのだった．
　社長は，そういう難儀な仕事をするのが，好きだった．そういう"一品料理"は加工賃も高いから，「あれでガッポリいただこうってんだから，なかなかやり手だな」という妬み声も聞こえないではないが，町工場の経営者の多くが，より大きな企業の系列に入りたがり，その傘の下での安定を希う風潮がますます強いなかで，技術で勝負してゆこうとする町工場気風を持ち続けることのむずかしさを思えば，わたしはむしろそういうオヤジぶりを持ち続けてくれることを，ひそかに期待している．

内側を加工するには，ボーリングバーが使われる．現場風には，孔ぐり加工だから，孔ぐりホルダーとも呼ぶ．孔の大きさや深さに応じて，さまざまなボーリングバーが用意される．ふつう，ボーリングバーは真っすぐな四角や丸い棒で，棒の先端に刃物をつける．それを孔のなかに突っ込んで，孔を削る．だから，古い職人は棹とも呼んだ．深い孔だと暗くて削り具合が見えないから，棹の先に小さなローソクをともして覗いた思い出を語ってくれた老旋盤工もあった．

　ところが，この壺の内側を削るためには，どう考えても，ふつうのボーリングバーでは入り口から入らない．棹の先の長いバイトを突き出しては，硬い鋳鋼は削れない．壺の入り口が狭いから，太い棹は使えない．

「そこで考えてみたんだけどな．ブーメランのように，こんなかっこうをしたボーリングバーを拵えて，突っ込んだらなんとかならないものだろうかとね」

　社長は自分の腕を湾曲させた．わたしは，その腕をみて，はっとした．どうしてそれが可能だったろう．どうしてこの人には，そういう発想が可能だったろう，とわたしは思った．三十年ほども旋盤工を続けながら，わたしの頭のなかには，ボーリングバーといえば真っすぐな棹しかなかった．真っすぐな棹にさまざまな工夫をほどこすことはあったが，棹そのものはいつだって真っすぐだった．いまわたしの前にしめされた腕は，わたしが何度もコケザルの壺の孔に突っ込んだときの腕の形そのものなのだった．何度もそれをしながら，わたしはボーリングバーのことを考えた．それなのにわたしのバーは，いつまでたっても真っすぐだった．

　わたしはふたたび，ロクロの上でゆっくり回転する粘土の壺を思い起こした．壺のなかに腕を入れて壺を作る職人は，ゆっくりと腕を上下させるにちがいなかった．その腕が，真っすぐなはずはなかった．腕は壺の湾曲に沿って，しなやかに動くにちがいなかった．壺の入り口が狭くても，わたしのけっして細くはない腕が壺のなかで自由に動きまわることが可能なように，その腕のようなボーリングバーを拵えれば，その壺の内側を削ることは可能だった．その腕のような形を，社長は"ブーメランのように"といったのだった．

　ブーメランのようなボーリングバーを造って，わたしがその壺の内側を削っていると，職場の仲間たちは，かわるがわるやってきては眺めていった．壺の内側は，いくつかの円弧を結び合わせて，滑らかな弧を描いている．

「ちょっとした芸術品だな」

「もったいなくて納品するのが嫌だってよ．その前に美術館に陳列んしたくなったんでないの」

　その弧の接点を座標に拾ってテープに打てば，NC旋盤はその指図どおりに動くことが可能だった．荒ら削り・中仕上げと削り進むうちに，壺の内側は次第に形を整える．ブーメランのようなバーは，そのつど人間の腕のように壺を出入りする．

「こういうのは，いくらNC旋盤でも，むずかしいんだろうね」
「神経疲れるよねぇ．好きでないと，やってられないよね」
　仲間たちは，壺のなかを覗いてはわたしにいたわりの声をかけてゆく．わたしはそのつど，ブーメランのようなバーの解説をする．
「こんなかっこうのバーを思いつくなんて，俺もシャッポを脱いだよ」
　何本かのバーを使って，わたしはその壺の内が側をきれいに仕上げることができた．丸い鋼を曲げたバーが人間の腕のようにしなやかに動くわけではなかったから，一本のバーでは削れなかった．バイトの刃先を壺の内側にあてて，その位置を，現在位置表示のカウンターの数字で読取り，その座標を次のテープの出発点にするというような職人芸が，この場合かえって有効だった．コンピューター機能を内包した機械を使って，そういう職人芸をやってのける楽しさも，わたしはこの壺を削ることで味わった．
　けれども，それはあくまでも職人芸の小技にすぎなかった．湾曲した太いボーリングバーを狭い入り口からすべり込ませてから刃物台にセトして削るという，常識とは逆の加工手順を考えたのも，小手先の職人芸にすぎなかった．
　しかし，ブーメランのように湾曲したボーリングバーを思いつくことは，腕にたよってしまうわたしにはできぬことだった．
　以上，小関智弘氏著の「大森界隈職人往来」の中からかなり長文を引用した．その理由は，小関氏が文章家であると同時に経験豊な「旋盤工」だからである．この文章から，われわれは旋盤作業に関する興味深い，かつとても重要な問題への教示を受けることができる．
　まず，ブーメランのような棒の考案がある．旋盤で何かを加工するに際し，熟練した，作業者はその加工を援助する機器，すなわち加工治具を考案し，自作する場合がある．社長が考案した腕のように曲がったボーリングバーは，このような治具の最もすばらしい一例といえる．このような加工治具の考案，製作により，小関氏の文章にあるように一見，とても困難と思える加工も容易に行なえたり，あるいは作業能率が格段に向上される．これは，汎用旋盤の加工に限らずマシニングセンタやターニングセンタなどのNC加工機による自動化において特にその威力を発揮する．
　次に，熟練した職人が持っている職人業のソフトウェア化あるいは職人業，ノウ・ハウといった形而上的な，すなわち目に見えない精神的な財産を形而下のもの，すなわち目に見えるかたちのNCプログラムへの変換という現在の工業界がかかえる重要で急務な課題解決のヒントがある．小関氏のように旋盤工としての長い経験を持ち，かつNC加工に習熟している職人の存在が将来の生産現場の問題解決に大きな役割を果たすと考えられる．

参考文献

1) 大野耐一：トヨタ生産方式，ダイヤモンド社 (1978).
2) 門田安弘：トヨタの現場管理，日本能率協会編 (1978).
3) 関根憲一・岩崎澄男・新井啓介・山崎功郎：ビデオ教材「トヨタ生産方式実践ノウハウ」，日刊工業新聞社 (1988).
4) 小関智弘：大森界隈職人往来，岩波書店 (1996).

第9章 IT時代の生産システム

9.1 はじめに

現代から未来はIT（Information Technology）時代，すなわち情報技術時代であるといわれる．コンピュータ，エレクトロニクスおよび情報通信技術などに見られるハードウェアの進展と人工知能や知識工学などの発展による技術環境により，生産環境も著しく進展した．

企業は，これらの技術環境の進展を受けて，経営から生産，販売，開発などの諸部門を情報技術により統合した生産システムの構築を目指すようになった．この統合生産システムをCIM（Computer Integrated Manufacturing）と呼ぶ．

9.2 CIMとは何か

CIMとは，生産活動諸機能，すなわち研究開発から受注，設計，製造，販売に至る情報と物の流れをコンピュータとネットワークで統合的に制御する生産システムである．この概念をわかりやすく図式化したものが図9.1である．図9.2にCIMの実例を示す．

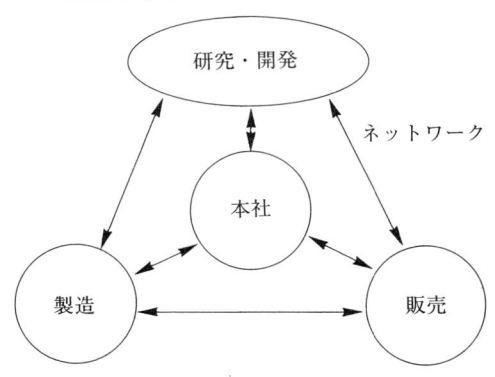

図9.1　CIMの概念

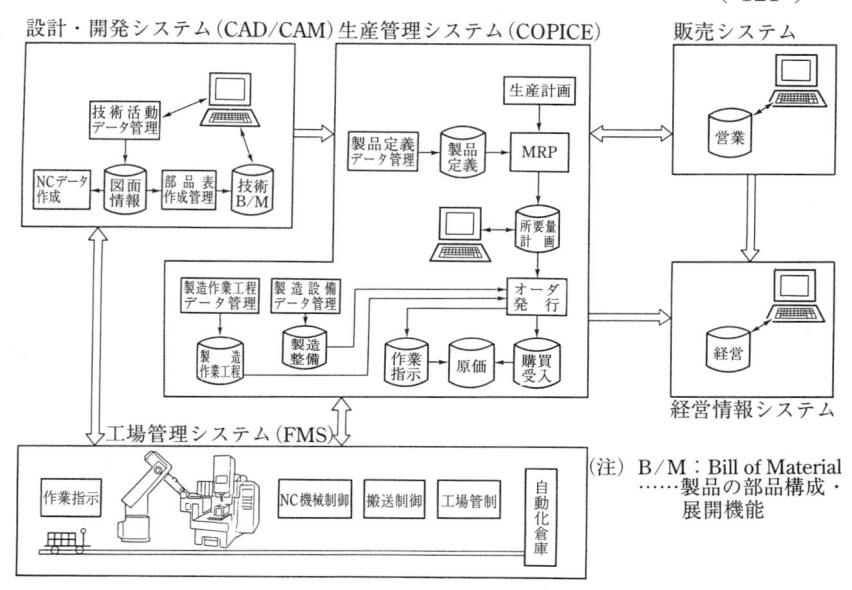

図 9.2　CIM 的生産システムの実例〔ヤマザキマザック（株），日本アイ・ビー・エム（株）提供〕

9.3　CIM における情報の流れ

　図 9.1 と図 9.2 に示した生産システム CIM を情報の流れと物の流れの二つの観点から捉え，それらを支える各技術について説明する．まず，情報の流れの観点から CIM を支える技術構成を説明する．

9.3.1　CAD

　CIM における情報の流れの起点は CAD (Computer Aided Design) である．狭義の CAD は，コンピュータ，CRT (Cathod Ray Tube)，自動製図機などの情報機器の製品・部品の形を表現する機能を使用して大まかな設計を行なう概念設計から実際の製品となる詳細設計の至るまでをコンピュータの支援のもとで進めるシステムであり，設計に伴う各種の作業をサポートする．設計者は，コンピュータと対話しながら設計を行ない，後述する CAM や CAE と連動して設計を進めることができる．

　CAD における重要な技術にモデリングがある．部品や製品の立体形状を

(　122　)　第9章 IT時代の生産システム

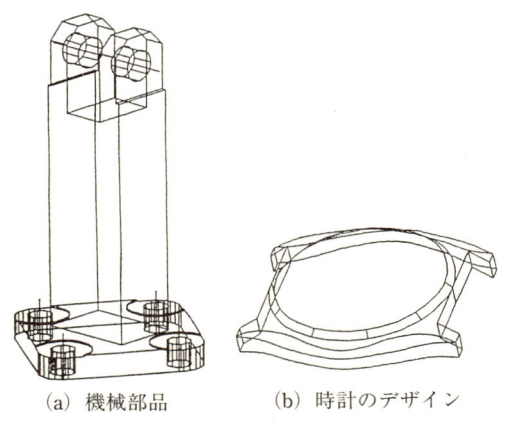

(a) 機械部品　　(b) 時計のデザイン

図9.3　CADによるワイヤフレーム方式

表現することができる．三次元的な形状を表現する手法には，ワイヤフレーム（wire frame）方式とソリッドモデル（solid model）方式がある．

ワイヤフレーム方式は，図9.3に示すように針金細工をするように形状を創成するもので，直線や円などの基本線素の接続で表現される．この方式は，処理が容易であるが面の情報は持っていないので，複雑な表現や体積の算出などはできない．これに比べてソリッドモデル方式では，われわれが普段見慣れている立体形状に極めて近い表現が可能である．

一方，広い意味のCADでは単に図面を描くだけではなく，① 設計情報，② 図面情報，③ 生産準備情報，④ 工程情報，⑤ 品質・検査情報，⑥ 管理情報などの総合的な生産情報を含んだ情報を出力する．この出力結果をプロダクトモデル（product model）と呼ぶ．

9.3.2　CAM

CAM（Computer Aided Manufacturing）は，コンピュータ内部に組み込まれたソフトウェアに従って，生産に必要な各種CNC工作機械，NC工作機械のための駆動ソフトを生成し，それに基づいて生産を進めることである．CNC工作機械，NC工作機械のための言語であるAPT（Automatic Programmed Tools）やFAPT（FUNAC APT）で作業設計命令，すなわち，工具の選定，工具経路創成，切削条件決定などを工作機械に伝えると，工作機械自身内部のコンピュータが，APTやFAPTをサーボモータやステッピングモータ駆動などの2進数命令に翻訳して加工を行なう．

現在，既にCADとCAMが一体化して生産を行なうCAD/CAMシステムが普及しつつあるが，将来は両者が一体となって加工を進めるシステムが

一般的になる．CADで生成された製品設計情報（ソフト）から直接上記のCAMデータが創成され，生産を進めるようになる．CADとCAMの橋渡しをするのが自動プログラミングソフトである．市販あるいは企業内

```
CAD情報（製品設計情報）
      ↓
パートプログラム
 （図形情報を自動プログラム言語で記述する）
      ↓
ポストプロセッサ
 （工具経路をNC工作機械に適合した形に変換する）
      ↓
NC情報用データの出力
 （加工物座標系を機械座標系に変換した形で出力する）
      ↓
NC工作機械による加工
```

図9.4　自動プログラミングシステムの構造と流れ

で開発したCADソフトにこの自動プログラミングソフトが付加され，CAD／CAMシステムが構築される．図9.4に，自動プログラミングシステムの構造と流れを示す．

9.3.3　CAPP

CAMの中には，工程設計，作業システムであるCAPP（Computer Aided Process Planning）が含まれると考えてよい．工程設計とは，その製品を加工するための作業順序と必要な機械，工具，取付け具を割り当てることを指すが，経験と熟練，作業に対する深い理解を必要とするので，なかなか自動化，システム化の困難な分野である．この工程設計の自動化をCAPPと呼ぶ．CAPPの主な作業には，①加工順序の決定，②加工法の選択，③工作機械の選定，④工作機械の使用順序の決定，⑤治工具の選定，⑥標準時間の算出などがある．

CAD／CAMとCAPPとの関係をまとめれば，製品のCADデータを入力として，まず工程設計が展開され，それに続いて作業設計が実施される．作業設計の結果として得られるNCデータやロボット制御指令は，CADデータを参照している．これらをもとにNCデータを生成する．その後，さらに工具と工作物や工作機械との干渉チェックを自動で行なうシステムも付加されている．図9.5は，インペラの複雑な三次元形状に対して，工具の干渉チェックを行ない工具経路を示したものである[1]．

このようなCAD／CAMとCAPPは，設計情報からNCデータ生成までを

第9章 IT時代の生産システム

図9.5 インペラの加工シミュレーション[1]

一貫してコンピュータで処理することを目指している．このとき，設計情報，作業展開，切削条件，材料の選択などの技術情報，管理・運用情報などの膨大な各種データが蓄積されていき，これらのデータベースがさらにフィードバックされて，以後のNCデータ作成に生かされていく．

9.3.4 光造形法

CAD/CAM を支える技術に光造形法がある．これは部品や製品の短時間試作技術である．

三次元 CAD データから直接立体形状をつくる積層造形法で CAD データをもとに立体形状を薄い層状にスライスした断面データを作成して立体形状

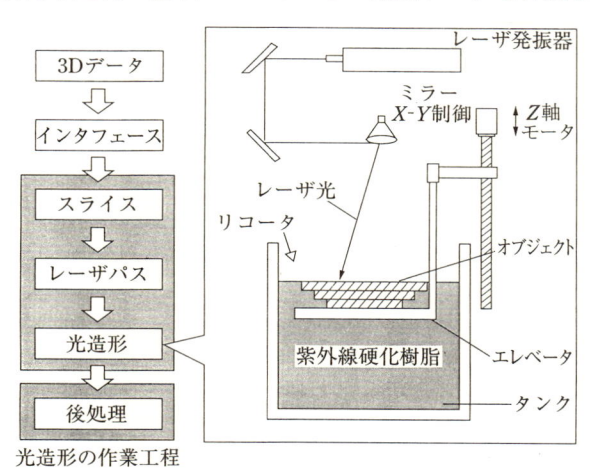

図9.6 光造形の原理

を創成する．具体的には，光硬化樹脂にレーザ光を照射することにより立体を形成する．図9.6に光造形法の原理を示す．

9.3.5 CAE

設計作業はCADによる形状設計だけでは不十分で，適切な設計がなされているかどうかをCADと連携して機能評価の解析・シミュレーションを行なうシステムをCAE（Computer Aided Engineering）という．設計の機能評価には，① 機構解析，② 強度解析，③ 振動解析，④ 熱解析，⑤ 音響解析などがある．

これらの評価は，有限要素法，境界要素法のソフトを駆使し，あるいはその設計に携わった技術者が独自に開発したシミュレーションソフトが使用される．

図9.7に有限要素法による解析例を示す[2]．CAEを実施することにより，より精度の高い設計を実現できる．

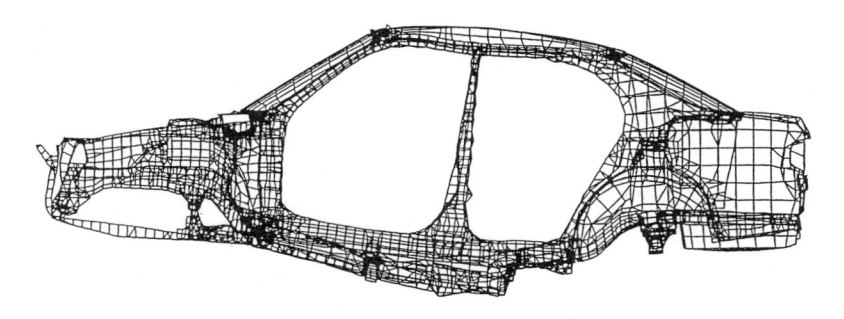

図9.7 有限要素法による解析例[2]

9.3.6 LANとWAN

以上がCIMを支える技術構成を情報の流れから追ったものである．ところで，これらの各技術をコンピュータネットワークで結んで，はじめて統合的な生産システムが構築される．これらのネットワーク（network）にLAN（Local Area Network）とWAN（Wide Area Network）がある．

LANは企業内，地域情報通信網，またWANは広域通信網と翻訳されている．CIMを構成するうえでの重要なコンピュータネットワークである．

LANは企業，工場といった狭い領域内で通信機能を有するコンピュータや工作機械，自動搬送機，倉庫などを相互接続する通信ネットワークである．一方，WANは広域を担当するネットワークであり，本社オフィスと遠隔の工場，研究所あるいは販売店などをコンピュータシステムで接続する．

9.4 CIMにおける物の流れ

図9.1と図9.2に示した生産システムCIMを物の流れの観点から捉え，それらを支える各技術について説明する．

9.4.1 DNC

DNC (Direct Numerical Control) は直接数値制御と訳されている．数台から数十台のNC工作機械をインタフェース制御装置であるMCU (Machine Control Unit) を介して中央コンピュータに直結し，必要に応じて加工指令情報を各NC工作機械にオンライン・リアルタイム (on-line real time) にタイムシェアリング (time shearing) 方式で伝える．それぞれのNC工作機械が個々に独立した加工制御を中央コンピュータから受け，同時に異なったそれぞれの仕事（加工）を行なう．いわゆる自律分散型集中管理方式である．

9.4.2 FMS

FMS (Flexible Manufacturing System) は，多品種，中・小量生産に適合した全自動化システムである．DNCに，さらにロボット，搬送装置，自動倉庫などを付与し，全体をコンピュータネットワークで総括的・有機的に制御して，材料や部品から製品，完成品を柔軟に状況変化に適合して製造する工場でもある．図9.8にFMSの例を示す．FMSの形態は，ループ状であったり，多様な形態が採られる．FMSを構成する機器には，

(1) 加工機能：マシニングセンタ，ターニングセンタ，NC工作機械，ロボット，バリ取り・洗浄機械，三次元測定機，その他の検査装置
(2) 搬送機能：マテリアルハンド，コンベヤ，自動搬送車，ロボット，自動倉庫
(3) 運用機能：コンピュータネットワーク，故障診断，保全

などがある．

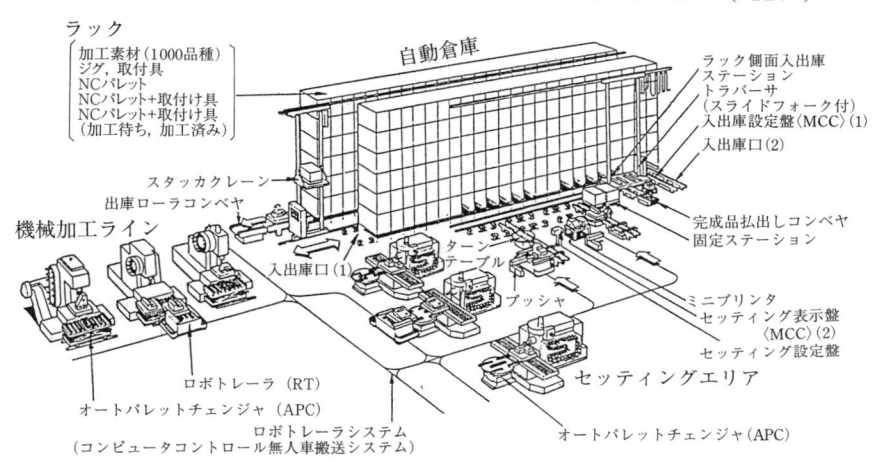

図9.8 立体倉庫，無人搬送台車（AGV）を利用したFMS〔村田機械（株）の例〕

FMSを導入することにより，
(1) 生産品種の多様性や設計変更の容易性の向上
(2) 生産設備の柔軟性による生産性の向上，設備稼動率の向上，リードタイムの減少，物流の機能性向上
(3) 運用の柔軟性による在庫の削減，工具管理や品質管理の改善

など，多くの利点がある．

9.4.3 ロボット

ロボット（robot）は，加工や溶接作業のほかに組立て作業や搬送に多く利用され，FMSの重要な構成要素になっている．

素材や部品などの物（マテリアル）を搬送，移動させたり，機械への着脱を行なうことをマ

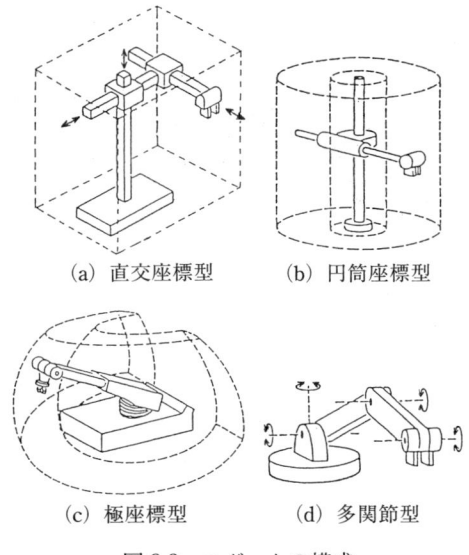

(a) 直交座標型　(b) 円筒座標型
(c) 極座標型　(d) 多関節型

図9.9 ロボットの構成

テリアルハンドリング（マテハン）というが，ロボットは工作機械や自動倉庫との組合せでマテハン作業に利用される．

構造からロボットを分類すると，図9.9のように(a)直角座標型ロボット，(b)円筒座標型ロボット，(c)極座標型ロボット，(d)多関接型ロボットになる．

直角座標型ロボットは文字どおり動作機構が主に直角座標形式のものであり，円筒座標型ロボットは円筒座標形式で，極座標型ロボットは極座標形式になる．間接型ロボットは間接によって構成されている．ロボットがどのような構造を採るかは作業内容による．

9.4.4 自動倉庫とAGV

FMSの部品や製品の保管と管理には倉庫が利用される．トヨタ生産方式に見たように，部品の在庫をなるべく少なくして必要なときに必要なだけ供給することが大切である．また，扱う部品や製品も多種多様で，これらを効率よく保管・運用しなければならない．自動倉庫では，在庫管理と入庫・出庫の制御がコンピュータで効率よく運用される．自動倉庫の形態は多様であるが，立体の棚式や回転式ラック型などがある．

図9.10に立体倉庫とAGV（Automated Guided Vehicle）の組合せによるシステムの例を示す．AGVは無人搬送台車と訳されていて，FMSの搬送系に利用される．AGVは，生産ラインの能力に合わせて台数を調整したり，分岐や合流を制御することが容易なため，搬送経路を比較的自由に設計することができる．

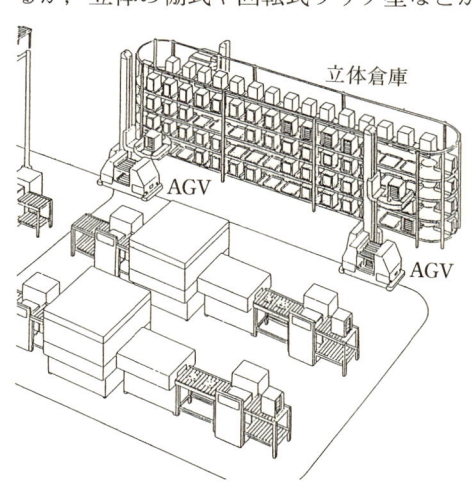

図9.10 立体倉庫とAGVを組み合わせたシステム

☆ ☆ ☆ chat room ☆ ☆ ☆

　ある製品をつくった場合，その製品が設計者の意図に沿って要求どおりにでき上がっているかどうかを最終工程で検査しなければならない．検査を全社的なものとして大きくとらえると次章で説明する品質管理になる．
　生産方式を自動化した場合，検査工程も自動化しなければ一貫したコンピュータ統合生産システムを構築したことにはならない．現在では，マシニングセンタやターニングセンタ，各種NC工作機械に対応する測定機として三次元座標測定機がある．優秀な三次元座標測定機では μm の精度で製品の三次元的な寸法を測定し，その測定データをコンピュータに取り込むことができる．また，レーザを応用した測長機や直線性測定機があり，測定データをコンピュータに取り込むことができる．
　これらの測定機器を生産ラインの随所に配置して，検査データをホストコンピュータに送り，加工工程における不良品の防止，検査の定量化，製品の履歴把握などを統合的に行なうシステムをCAT (Computer Aided Testing) という．

参考文献

1) 神田雄一：はじめての生産システム，工業調査会 (2000).

第10章　品質管理

10.1　はじめに

　日本の工業の歴史を見るとき，江戸時代の300年にわたる鎖国は，その間の西欧諸国の技術の蓄積に対して日本の工業界が大きく立ち遅れた原因になったといえる．したがって，日本の工業は明治維新以後，常に国民総動員体制ともいえる方式で西欧諸国と競合できる製品をつくり出してこなければならなかった．

　将来の国際的な商品競争においても，日本は多くの難問題を抱えている．これらの障害を乗り越えて世界の市場を確保していくためには，まず安い，良い製品を経済的に効果的に製造していかなければならない．そのための工業技術の基盤となる管理技法が品質管理であり，今後の日本の経済基礎を確立していくために必要欠くべからざるものであるといえる．

10.2　品質管理の定義

　品質管理用語 JIS Z 8101-1981 によれば，品質管理とは「買い手の要求に合った品質の品物またはサービスを経済的に作り出すための手段の体系」とある．品質管理を略してQCということがある．また，近代的な品質管理は，統計的な手段を採用しているので，特に統計的品質管理（Statistical Quality Control，略してSQC）ということがある．

　品質管理を効果的に実施するためには，市場の調査，研究・開発，企画，設計，生産準備，購買・外注，製造，検査，販売およびアフターサービス，ならびに財務，人事，教育などの企業活動の全段階にわたり，経営者をはじめ管理者，監督者，作業者など，企業の全員の参加と協力が必要である．このようにして実施される品質管理を全社的品質管理（Company-Wide Quality Control，略してCWQC），または総合的品質管理（Total Quality Control，略してTQC）という．

以上は，JIS のいわゆる定義文的なものである．これをもう少しわかりやすく現実的にいうと，品質管理は，顧客の要求する品質の製品を経済的・効果的に設計し，生産し，販売して，顧客に安心かつ満足して使用してもらうために根本的に必要なことである．そのためには，設計・製造・販売の社内の全部門，また経営者・管理者・監督者・作業者の全社員が効果的な組織を編成して，それぞれに分担された業務を協力して確実に遂行していくことが必要である．そしてこれを可能にするために，計画と実行と確認・是正のサイクル活動を基礎とし，機械・電気・化学などの固有技術や標準化・設備管理・計測管理などのシステマチックな管理技法，あるいは統計的品質管理，オペレーションズリサーチの統計的管理技法など，すべての技法を縦横に活用していくことが必要である．

☆　☆　☆　chat room　☆　☆　☆

　品質管理が社会的に最も深い関心が持たれるのは，一般大衆が顧客である食品関連企業の管理体制であろう．大正のはじめ頃，合弁会社 鈴木商店〔現在の味の素（株）〕は，多摩川の大田区 対岸の川崎に工場を建てた．その頃は，まだ広い工場の裏側は蛇がうようよするような荒地のままだった．そのためか，味の素にとって大変迷惑な「味の素の調味料はあの蛇の粉でつくっている」という噂が，やがて全国に拡がってしまったという．たまりかねた会社は，「誓って天下に声明す．当社の製品は，断じて蛇を原料とせず」という広告を各新聞に出してその噂を否定したが，このデマが完全に消えたのは関東大震災以後のことだという（「大森界隈職人往来」，小関智弘著）．
　このようなデマは，現在も外資系のファーストフードの店などに流されている．日本マクドナルドは原材料に関する購入から生産の流れで 1998 年に品質管理・保証の国際規格「ISO 9001」の認証を取得し，このようなデマを一蹴している．2000 年には雪印乳業 大阪工場の製造ラインのバルブ内側の汚れから，大量の食中毒者を出している．2001 年には，インドネシアで味の素の製品排斥運動がイスラム教徒により引き起こされた．製品に豚の肉が使われているという噂のためで，この会社の創業当時の逸話との因縁めいたものを感じさせる．

第10章 品質管理

10.3 品質とは

　品質管理について学ぶには，まず品質という言葉を理解しなければならない．品質とは，品物の良さともいえるし，測定・試験するときの対象であり，その品物に特有な物で，他の物と区別できる性質，またはその集まりであるともいえる．

　品質評価の対象となる性質・性能を品質特性という．例えば，鉛筆の品質は，シンの折れ具合，木の削り具合，偏心の度合などを述べれば決まってしまう．これらは，鉛筆の品質を構成している基本的な要素で，これを品質特性という．品質特性は，測ったり，観測したりできるものであり，図面とか仕様書などにはっきり決めなければならない．これらの品質特性は，できるだけ数量的に示されることが望ましく，その数量値を品質特性値という．品質と品質特性との関係を図 10.1 に示す．

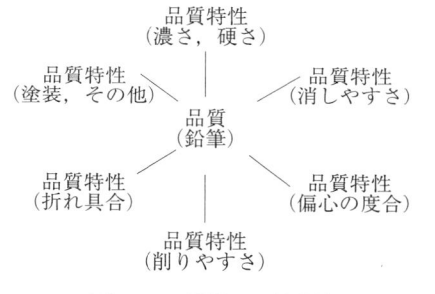

図 10.1　品質と品質特性

10.4 真の特性と代用特性

　品質特性は真の特性と代用特性に分けらる．真の特性とは顧客が要求している品質で，代用特性とは要求される品質特性を具体的に測定することが困難なため，その代用として用いる他の品質特性をいう．

　例えば，図 10.1 に引用した鉛筆の例でいえば，木の削り具合は顧客が気持ちよく削れればよいのであって，何の木を使うかということは問題にされない．図 10.2 に示すよう

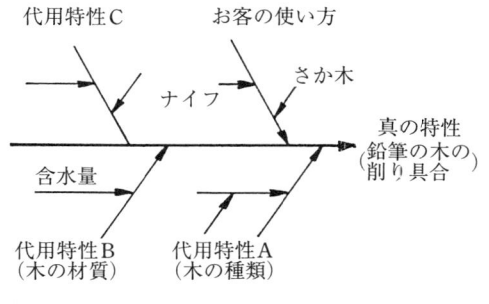

図 10.2　真の特性と代用特性

に木の種類，含水率などの木の材質が真の品質の代用として使用される．

10.5　設計品質と製造品質

　顧客の要望，市場，経済性，自社の技術水準，設備などを考慮してどのような品質の物をつくるかが決定される．このようにして決定された製造の目標とする品質を設計品質，あるいは狙いの品質ともいう．これに対して，使用者が要求する品質または品質に対する使用者の要求の度合を使用品質という．設計品質を企画するときは，使用品質を十分に考察する必要があることはもちろんである．

　この設計品質を狙って製造した製品の実際の品質を製造品質という．製造品質を設計品質に近づけようと努力し，不良品を減らそうとすれば管理費は高くなるが，不良品による損失金額は低くなり，生産性は向上していく．色々な観点から総合評価して最適の適合品質を目指すのが品質管理の目的である．

10.6　管理とは

　管理という用語は，デミングサークルといわれる図 10.3 のような管理の輪を回すサイクル活動を繰り返す仕事を指す場合が一般的である．これは
（1）計画する（plan）
（2）実行する（do）
（3）確認する（check あるいは see ともいう）
（4）処置する（action）
　これを，品質管理についてわかりやすくいうと，
（1）plan
　① 目的を決める．製品の品質に関する企業の方針を決め，仕様を決定する．
　② 目的を達成する方法を決める．組織を編成し，材料，機械，作業方法・作業者について作業の目安となる標準をつくる．

第10章 品質管理

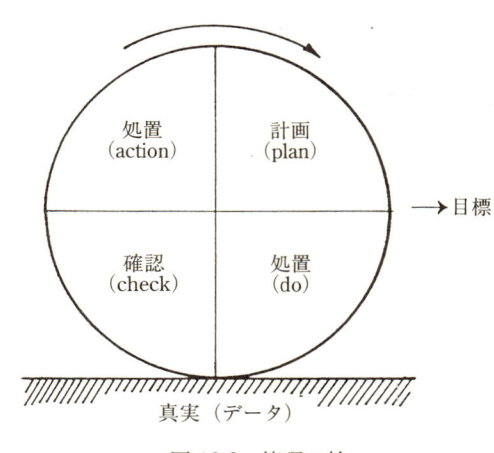

図 10.3 管理の輪

(2) do
① その標準について教育・訓練する．正しい作業とは何かを徹底する．
② その教育・訓練に従って作業を実施する．

(3) check
① 標準どおりに作業が行なわれ，品質がつくられているかを確認する．
② 品質を測定・試験し，その結果を基準と比較し，良否を確認する．

(4) action
① 標準から外れている場合は是正処置をとり，再発防止に努力する．
② その是正処置を(1)のplanへフィードバックする．このように，plan‐do‐check‐action‐plan…のサイクルを繰り返し，製品の品質を維持，向上させていく．

このようにして，品質と原価と数量（または納期）が同時に一体となって総合的に満足されるような効果を上げていくのが品質管理の目的である．

品質管理には次のような効果があり，それらの効果は互いに関連し合っている．

① 不良品が減り，製品の品質がそろう．その結果顧客の信用を得ることができる．
② 不良品が減ることにより不良損失金額が減り，コストが下がる．
③ 納期を守ることができ，合理的な生産計画を立てることができる．
④ 技術・開発部門と製造・検査部門の協力が密接かつ不可欠となり，品質の改善対策が早くなり，新製品の開発にも品質向上の成果が反映される．
⑤ 品質に対する意識と責任の認識が全社員に浸透し，作業意欲が向上す

る．

⑥ 社内の組織的活動が活発になり，企業体制の引き締めにつながる．

以上の効果のうち，①〜③は互いに強く関連し合っている．また，④〜⑥は品質管理を行なうことによる企業体質の改善という命題のもとで，強く関連し合っている．

10.7 統計的な考え方

品質管理においては統計的な考え方と手法が不可欠である．どんなに注意深く，良い機械でつくっても，製造品質には必ず ばらつき が存在する．そのばらつきの姿を論理的に把握し，解析して，その原因を推測，判断し，工程に処置（アクション）を行なうのが統計的品質管理の根本である．

統計的に把握するとは，個々の製品全数について調べることではなく，全体から抜き取られた一部分の試料のデータによって全体の様子を推測することである．データを集めて調べる際，その調査，研究の対象となる材料，部品や製品など，特定の品物の集合であるロットやその特性を持つ工程などのすべての集まりを母集団という．この母集団から，その特性を調べる目的で抜き取るデータをサンプルあるいは試料，標本などと呼ぶ．母集団とサンプルとの関係は図 10.4 のように示される．

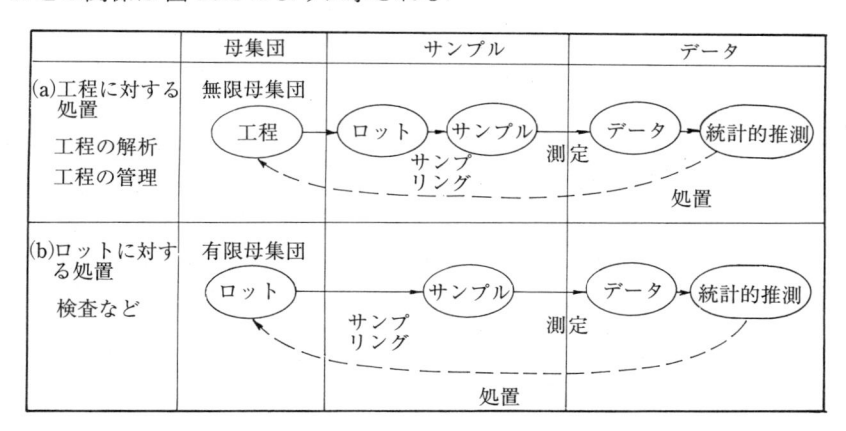

	母集団	サンプル	データ
(a)工程に対する処置 　工程の解析 　工程の管理	無限母集団 工程 →	ロット → サンプル サンプリング	データ → 統計的推測 測定 処置
(b)ロットに対する処置 　検査など	有限母集団 ロット	サンプル サンプリング	データ → 統計的推測 測定 処置

図 10.4　母集団とサンプル

(136) 第10章 品質管理

このような，製品，部品，原材料などの母集団からサンプルを抜き取ってデータを集めることをサンプリング，抜取り，試料採取などという．サンプリングは，母集団の特性を正しく代表するように行なうことが必要で，その基本的な手法としてランダムサンプリングがある．ランダムとは無作為という意味で，一定の規則や人の意志，感情，あるいはくせなどの入らないことをいう．例えば，製品を並べておいて一定間隔ごとに試料をとるなどの方法が用いられる．ランダムサンプリングは，統計的手法の最も重要な始めの一歩であって，採集者が各試料の採取法について創意工夫をこらさなければならない．

10.8 図による統計的方法

集めたデータをまとめて推測し，判断していく統計的手法には，図式化していく方法と，数式化していく方法とがある．まず，図による統計的方法を説明する．

10.8.1 特性要因図

良い製品をつくり出すには，製造工程が効果的に管理されていなければならない．そこで，製造工程中の製品の品質やコストに影響を与える要因（重要な原因）を分類して矢印で関係づけ，品質特性と要因の関係を一目でわかるように書き表わした図を特性要因図と呼んでいる．図10.5にその一例を示す[1]．その形が魚の骨に似ているところから魚の骨とも呼ばれている．特

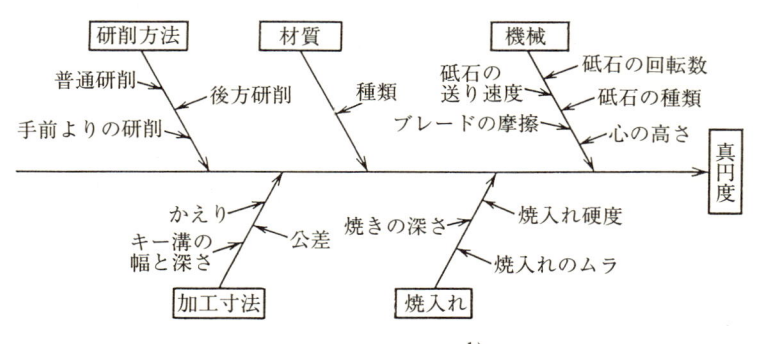

図10.5 特性要因図[1]

性要因図は，問題点を整理したり原因を考えて改善したりするとき，ブレーンストーミングなどの実施により，多くの人たちの意見を1枚の図の中に整理して表わすことができる．

【問題 10.1】
　自分自身の身のまわりに起こった小事件や失敗例について，その要因と結果（特性）を表わす魚の骨を描け〔例題：今朝はなぜ遅刻したのか．あのゲーム（試合，テスト，パチンコ，etc）になぜ敗けたのかなど〕．

10.8.2 パレート図

パレート図とは，現場における重要な問題，例えば品質不良，クレーム，手直し，災害，機械の故障などを，その原因別あるいは状況別にデータをとり，図10.6のように大きさの順に並べて棒グラフを描き，さらに順を追ってこれらを加えた値を折れ線グラフで描いたものである[1]．このパレート図を描いてみると，不良などの問題の原因は横軸の左側から1～3番目に位置する項目が圧倒的に影響していることがわかる．そこで，どの原因を退治すれば大きな効果をあげることができるかを判断できる．これにより，改善，改良の重点を正しく把握して，能率のよい管理を行なうことができるのである．

10.8.3 ヒストグラム

われわれの身のまわりの様々な事柄，例えば個々の人たちの身長，体重，学期末試験での偏差値，持っている時計の精度などといったデータをクラスや学科の構成員全員について採集してみれば，必ずばらつきを持っている．ヒストグラムはこれらのデータのばらつきの姿を見るためのグラフである．

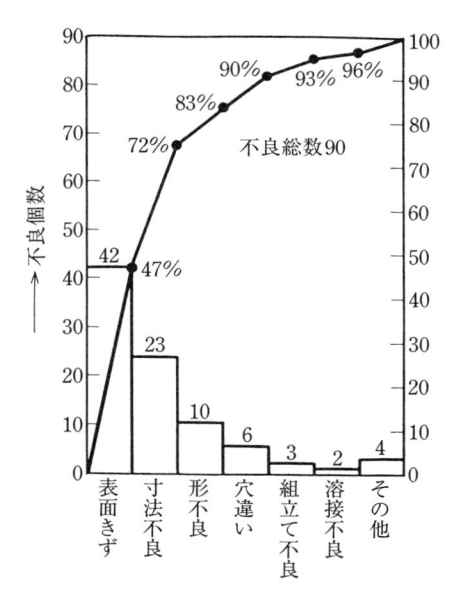

図 10.6　パレート図[1]

第10章 品質管理

　図10.7は，あるクラスの人たちの腕時計の精度をヒストグラムにしたものである[2]．横軸は各自の1カ月の時計の精度である．＋5〜＋7は5秒を越え7秒以内で，該当する箇所の人数を×印で記入している．このように，このヒストグラムは測定値の存在する範囲を幾つかの等間隔の区間に分け，各区間に入る測定値数に比例した高さの柱を並べて柱状図にしたもので，度数分布図ともいう．このヒストグラムにより，対象としている集団のばらつきの大きさ，ばらつきの姿（分布の形），規格と対比して不良の発生状況などを的確に判断でき，工程管理を容易にすることができる．

　図10.8は，ヒストグラムに規格値を記入して比較したものである[1]．この

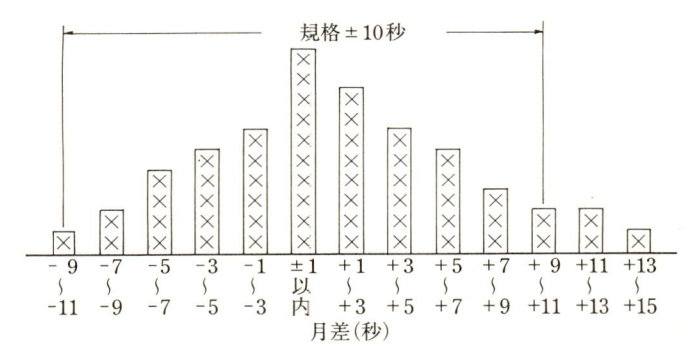

図10.7　ヒストグラムの例（腕時計の精度）[2]

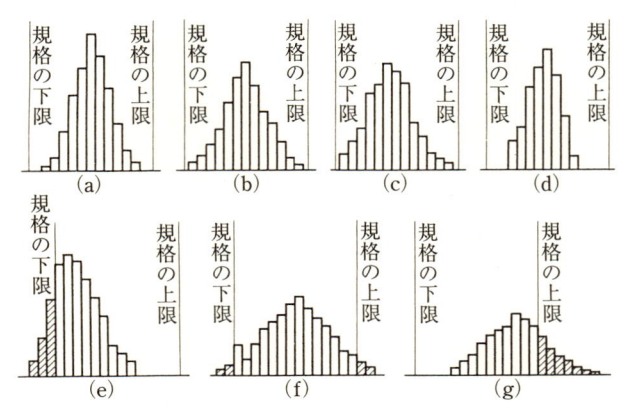

図10.8　ヒストグラムと規格との比較[1]

図で，(a)～(d)は規格を満足する場合，(e)～(g)は満足しない場合の例で，(a)が最も好ましい状態を示している．(b)，(c)はもう少し工程能力を向上させる必要があり，(d)は規格の幅を狭くして品質の向上を図るか，規格に合わせて管理の程度を多少緩めてコストの引下げを考える．(e)は平均値を規格の中心に近づける必要があり，(f)は，ばらつきが大きいので工程を改善するか規格を緩める必要がある．(g)は工程能力を全面的に改善する必要がある．

10.9 データの数式化による統計的方法

図10.8のような各種のヒストグラムを見て，その分布状態から工程管理に有用な意味を汲み取る場合，その中心位置とばらつきの幅の二つの特徴を見ればよい．すなわち，各集団がどのような特性を持っているかを知りたいときは，抜き取ったデータから中心位置とばらつきとを数式化して表わして比較すればよいことになる．

10.9.1 代表値

代表値とは，収集したデータの中心を表現する値で，一般に用いられる平均値の他に中央値（メディアン：median），最頻値（モード：mode）などがある．

(1) 平均値

データのすべての和をそのデータの数で割った値を平均値といい $\bar{x}$ で表わす．n 個のデータ $x_1, x_2, x_3, \cdots\cdots, x_n$ があるとき，

$$\bar{x} = \frac{x_1 + x_2 + \cdots\cdots + x_n}{n} \tag{10.1}$$

Σ（シグマ：総和記号）を使うと，次のように表現できる．

$$\bar{x} = \frac{1}{n} \sum_{i=1}^{n} x_i$$

なお，Σ の意味は，

$$\sum_{i=1}^{n} x_i = x_1 + x_2 + \cdots\cdots + x_n$$

である．x_i の i の値は 1 から n まで変化することを示し，これによって x_i から x_n までのすべての値の総和を求めることができる．

(2) 中央値 (メディアン)

データを昇順 (小さい方から大きい方への並び) や降順 (大きい方から小さい方への並び) に並び換えたデータのまん中の値である．データ数が奇数の場合は，まん中の値をそのまま中央値とする．偶数の場合は，中央の二つの値の算術平均値を中央値とする．

(3) 最頻値 (モード)

データの中で最もたびたび出現する値で，ヒストグラムで最も高い度数を持つ階級値になる．

10.9.2 ばらつきの表わし方

ばらつきは標準偏差と範囲で表わされる．

(1) 偏差と平方和

例えば，A 群のデータが 0, 100, 200 で，B 群のデータが 100, 100, 100 とすると，A 群，B 群ともに平均値は 100 になるが，平均値を基準にしたデータの散らばりの度合は，両者にはかなりその特性に違いがある．つまり，平均値などの代表値だけではデータ群全体の特性を理解することが難しい場合が多く，データの散らばりの度合を分析する必要がある．その方法として，平均値を基準としたデータの散らばりの度合を示す偏差がある．

各データとその平均値の差〔$x_i - \bar{x}$ $(i = 1, 2 \cdots)$〕を偏差という．偏差は，データが平均値より大きい場合は正，データが平均値より小さい場合は負になり，偏差の総和は 0 になる．例えば，1, 2, 3, 4, 5 の五つのデータがあるとすると，この平均値は $(1 + 2 + 3 + 4 + 5)/5 = 3$ なので，各データの偏差は $1 - 3 = -2$, $2 - 3 = -1$, $3 - 3 = 0$, $4 - 3 = 1$, $5 - 3 = 2$ で，これらの偏差の合計は 0 になり，常に 0 では意味をなさない．このように，偏差の合計が 0 になる原因は負の偏差が存在することにある．そこで，各偏差を 2 乗して，それらの合計，すなわち平方和を求めることにすれば，データのばらつきを表現する量となる．平方和を S で表わすことにすれば，

$$S = (x_1 - \bar{x})^2 + (x_2 - \bar{x})^2 + \cdots\cdots + (x_n - \bar{x})^2 \tag{10.2}$$

平方和 S を偏差平方和ともいう.

(2) 分　散，不偏分散

　平方和 S は，偏差の平方を合計したものであるから，これをデータ数 n で割った値をデータのばらつきを表わす量として使う．すなわち，S/n を分散といい，S^2 あるいは母集団に対して σ^2 で表現する．標本調査の場合は $(n-1)$ で割った値を用いる．その記号を V で表わし，$V = S/(n-1)$ を不偏分散という．

　分散は，各データが平均値を基準としてどのくらい散らばっているかの度合を示す値で，この値が大きいと平均値から離れたデータが幾つか存在し，小さいと平均値のまわりに多くのデータが集中していることを示している．

(3) 標準偏差

　分散または不偏分散は2乗の単位であるので，この平方根を求めて記号 s あるいは σ で表わす．これによって分散の状況を平均値と同じ単位にすることになり，より明確にデータのばらつきを示すことができる．すなわち，$s = \sqrt{S^2} = \sqrt{S/n}$ で求められるが，一般に n の値が小さいときは，S の値が小さくなる性質を持っているので，その場合は不偏分散を使用して，次の式によって求める．これを標準偏差という．

$$s = \sqrt{V} = \sqrt{\frac{S}{n-1}} \tag{10.3}$$

(4) 範　　囲

　1組のデータの内の最大値と最小値の差を範囲といい，記号 R で表わす．すなわち，

　　　範囲 R = 最大値 − 最小値

範囲によるばらつきの表わし方は，計算が簡単で利用しやすいが，測定値の数が多くなると尺度としての精度が悪くなるので，通常はデータの数が10以下のときに用いる．

　なお，表10.1は平均値，偏差，偏差の2乗である分散，分散の平方根である標準偏差を求めたものである．

第10章 品質管理

表10.1 分散と標準偏差の求め方

データ	偏　　差	偏差の2乗
85	7.6	57.76
59	−18.4	338.56
55	−22.4	501.76
68	−9.4	88.36
93	15.6	243.36
64	−13.4	179.56
65	−12.4	153.76
66	−11.4	129.96
72	−5.4	29.16
78	0.6	0.36
75	−2.4	5.76
77	−0.4	0.16
79	1.6	2.56
80	2.6	6.76
81	3.6	12.96
88	10.6	112.36
86	8.6	73.96
83	5.6	31.36
99	21.6	466.56
95	17.6	309.76
合　計　1548	0.0	2744.8
平　均　77.4	平均の計算式：1548/20	
分　散　137.2	分散の計算式：2744.8/20	
標準偏差　11.7	標準偏差の計算式：137.2の平方根	

【問題10.2】

5個のデータ (25.1, 23.1, 24.8, 22.1, 23.7) から，平均値，中央値 (メディアン)，平方和 S，範囲 R，不偏分散 V，標準偏差 σ を求めよ．

10.9.3 正規分布

図10.7に示したヒストグラムにおいて，測定値の値をさらに多くとり，各組の幅を小さくし，その数を増やしていくと，ヒストグラムの各柱形頂部の示すつながりは，図10.9のような連続した曲線に近づいてくる．この連続曲線を正規分布曲線といい，このような分布を正規分布と呼んでいる．この正規分布曲線は，ドイツの数学者ガウス (Gauss) が発見したことからガウス曲線とも呼ばれる．正規分布曲線は次のような代表的な性質を持っている．

(1) 曲線は平均値で最も高くなり，平均値を中心に左右対象になる．

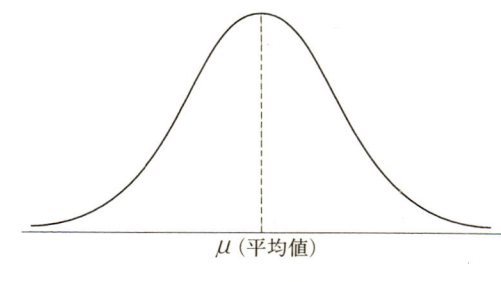

図10.9 正規分布曲線の例（μ (平均値)）

(2) 標準偏差が大きくなればなるほど曲線は扁平になり，標準偏差が小さくなればなるほど曲線の形状は狭く，高くなる．

一般に図10.10のように，ある関数 $f(x)$ が示す

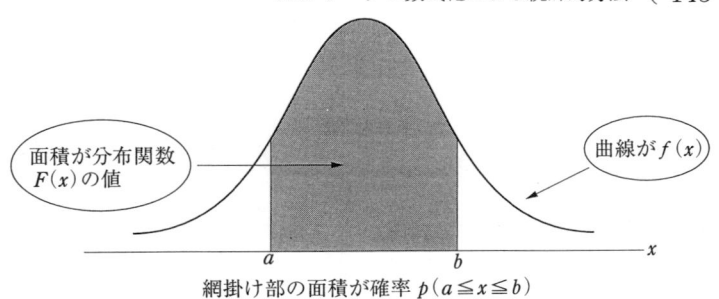

10.9 データの数式化による統計的方法　(143)

図 10.10　確率密度関数と分布関数

曲線の下側の面積が確率を表現するとき，その関数を確率密度関数といい，ある連続的な確率変数 x が，例えば $a \leq x \leq b$ の値をとる確率は，確率密度関数 $f(x)$ の曲線と，x 軸上の $x = a$ と $x = b$ の点から垂線とで囲まれる面積で表現できる．その面積を $F(x)$ で表わし，これを分布関数という．このように，x 軸に対応する値の確率を面積によって表現できる曲線を確率密度曲線という．なお，確率密度曲線と x 軸で囲まれる全体の面積は 1 になる．

ここで，連続的な確率変数 x の密度関数 $f(x)$ が次の公式で与えられる場合，x は正規分布に従い，平均値 μ，標準偏差 σ とすると，$N(\mu, \sigma^2)$ と表現される．

$$f(x) = \frac{1}{\sigma \sqrt{2\pi}} e^{-(x-\mu)^2/2\sigma^2} \tag{10.4}$$

ここに，e は自然対数の底である 2.7182…，π は円周率 3.141519… の定数を示している．この式は，一見すると複雑のように見えるが，その構成をよく見ると，定数の π と e および測定値の変数 x を除けば，分布の中心を示す μ とばらつきの幅を示す σ の値からなっている．したがって，正規分布の形は μ と σ によって決まることがわかる．

いま，$\mu = 0$，$\sigma = 1$ である正規分布を標準正規分布という．式 (10.4) に $\mu = 0$，$\sigma = 1$ を代入して，

$$f(x) = \frac{1}{\sqrt{2\pi}} e^{-x^2/2} \tag{10.5}$$

ところで，正規分布であってもその平均値や標準偏差の値によって曲線の

(a) 正規分布 $N(\mu, \sigma^2)$ (b) 標準正規分布 $N(0, 1^2)$

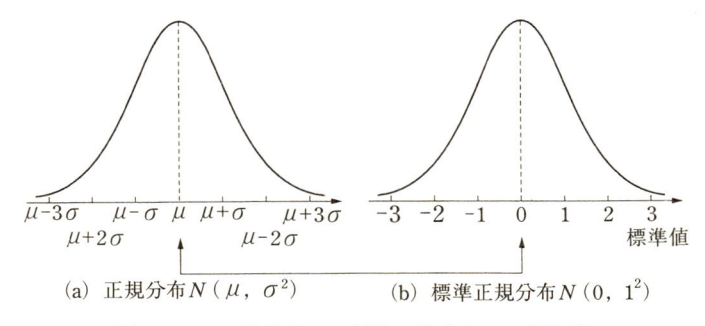

図 10.11 正規分布から標準正規分布への基準化

形状は変わる．そこで，正規分布しているデータを標準正規分布に従わせれば，それぞれのデータの確率を求めることが容易になる．つまり，図 10.11 のようにある正規分布曲線における x 軸上の任意の点を標準正規分布曲線における x 軸上の一つの点に対応させることができれば便利である．

図 10.11 の (a) に示すような平均値 μ，標準偏差 σ の正規分布 $N(\mu, \sigma^2)$ に従う正規分布曲線の x 軸上の一つの点 x が図 10.11 (b) の標準正規分布曲線の x 軸上に対応する 1 点を z として $x = \mu + z\sigma$ とすると，z の分布は平均値が 0，標準偏差が 1 の標準正規分布になる．この式 $x = \mu + z\sigma$ から z を x で表現すると次のようになる．これを標準化といい，この標準化によって標準値 z は必ず標準正規分布に従うことになる．

$$z = \frac{x - \mu}{\sigma}$$

この式では，$z = 0$ のとき $x = \mu$ となり，$z = -1$ のとき $x = \mu - \sigma$，$z = 1$ のとき $x = \mu + \sigma$，$z = -2$ のとき $x = \mu - 2\sigma$，$z = 2$ のとき $x = \mu + 2\sigma$，

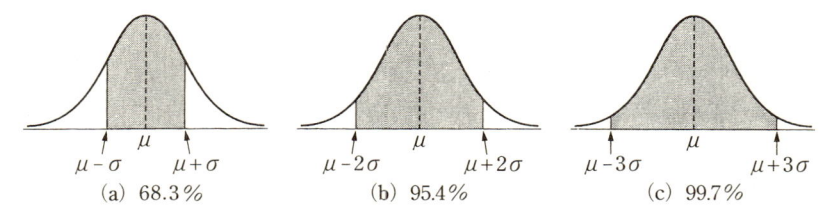

(a) 68.3 %　　(b) 95.4 %　　(c) 99.7 %

図 10.12 正規分布曲線と標準偏差

… となる．正規分布曲線では，曲線から x 軸に垂線を下ろして，ある範囲を囲むと，その面積がそのまま全体に占める確率になる性質を持っていることから，平均値を μ，標準偏差を σ とすると，① $\mu - \sigma$ と $\mu + \sigma$，② $\mu - 2\sigma$ と $\mu + 2\sigma$，③ $\mu - 3\sigma$ と $\mu + 3\sigma$ の範囲に何パーセントのデータが属するかを推測することができる．一般に，正規分布曲線となる大きい標本においては 図 10.12 に示すように次の (a) から (c) の事実が保証される．

(a) $\mu - \sigma$ から $\mu + \sigma$ までの区間に全データの 約 68.3 % が入る

(b) $\mu - 2\sigma$ から $\mu + 2\sigma$ までの区間に全データの 約 95.4 % が入る

(c) $\mu - 3\sigma$ から $\mu + 3\sigma$ までの区間に全データの 約 99.7 % が入る

☆ ☆ ☆ chat room ☆ ☆ ☆

　受験勉強をした経験を持つ人は誰しも偏差値という言葉にしばしば悩まされたことがあるのではないだろうか．ここで，その偏差値の意味を明確にしよう．正規分布を平均値 50，標準偏差 10 の正規分布に変換したものを偏差値という．そこで，前述の平均値が 0，標準偏差が 1 の標準正規分布になる標準値 z を用いて，

$$\text{偏差値} = 50 + 10 \times z = 50 + 10 \times \frac{\text{偏差}}{\text{標準偏差}}$$

という変換を施すと偏差値ができ上がる．つまり，標準化を行なった正規分布のデータ，すなわち標準値に 10 を掛けて 50 をプラスすると偏差値になる．そこで上記 (a) より偏差値 40〜60 の間にそのテストの参加者の約 70 % が入っていることになる．

　いま，受験生全体の平均点が 55 点で標準偏差が 12 点の場合，ある受験生が 73 点をとったとしよう．その得点は平均を

　　　$73 - 55 = 18$

も上回っている．すなわち偏差が 18 である．これを標準偏差の 12 で割ると 1.5 になる．ということは，この成績は平均を標準偏差の 1.5 倍上回っていることを意味する．したがって，73 点を偏差値に換算するなら，平均の 50 点を偏差値 10 の 1.5 倍上回った値，すなわち 65 点ということになる．

　偏差値はこのような値なので，試験問題の難易度や，例えば受験生の数が 100 人であっても 50 万人であっても，それらとは無関係に，ある個人の点数が他の受験生との相対的な数として表わされるという特徴を持っている．

　（この文章は，主として「大村　平：統計解析のはなし，日科技連出版社 (1980)」を引用している）

【問題 10.3】
10人のテストの結果が，90, 57, 56, 54, 53, 52, 50, 45, 40, 33であった. 標準偏差 σ と各人の偏差から標準値を求めてをそれぞれの受験者の偏差値を求めよ.

10.10 統計的な推測

統計的な推測の基本的な方法として，検定と推定の二つがある．検定とは，ある仮定（これを帰無仮設といい H_0 の記号で表わされる）に母集団の特性が適合しているかどうかをサンプルの測定値から調べることである．

推定とは，例えば現場で大量生産される製品のすべてについて測定値をとる代わりに，とったサンプルの測定値から，その母集団の不良率，平均値，ばらつきなどを推測することである．推定の場合，1点で推定する場合と，ある一定の区間を設けてその間に入るだろうと推定する場合の二つの方法がある．前者を点推定，後者を区間推定といい，目的により使い分けられる．区間推定には，一般に95％の信頼限界が用いられる．

10.9節で詳しく述べてきた数式による統計的手法は，生産現場における品質管理に，この統計的な推測を応用することにある．

10.10.1 母平均に関する推測

母集団から得られた何点かのデータ $x_1, x_2, x_{10}, \ldots x_n$ から分散，不偏分散などの統計量を計算し，それらを用いて母平均について推測する．

いま，母標準偏差を σ，母平均を μ，サンプルの平均を $\bar{x}$ とすれば，

$$u = \frac{\bar{x} - \mu}{\sigma/\sqrt{n}}$$

は平均値0，標準偏差1の正規分布 $N(0, 1)$ に従う．

母標準偏差 σ は未知なので，計算によって得られたサンプルデータの不偏分散の平方根 $\sqrt{V}$ を σ の推定値 $\hat{\sigma}$ として，これで σ をおき換えれば，

$$t = \frac{\bar{x} - \mu}{\hat{\sigma}/\sqrt{n}} = \frac{\bar{x} - \mu}{\sqrt{V/n}} \qquad (10.6)$$

のような統計量がつくられる．σ の代わりのサンプルから求めた $\sqrt{V}$ が代入

されているので，t は平均値0，標準偏差1の正規分布には従わない．この t の分布を t 分布と呼び $t(\phi)$ で表わす．標準偏差1の正規分布 $N(0, 1)$ と t 分布，$t(\phi)$ との関係を図10.13に示す．

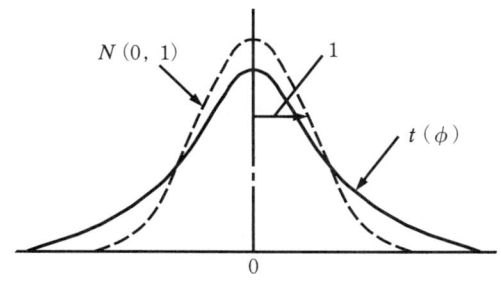

図10.13 t 分布と正規分布

t 分布の性質を利用して，母標準偏差 σ が未知の場合に，大きさ n のサンプルから母平均 μ について検定を行なうことができる．

一般に，母標準偏差 σ が未知のとき，大きさ n のサンプルから母平均 μ についての仮説を危険率5％で検定する手順は次のとおりである．

(1) 仮説 H_0 の設定：$\mu = \mu_0$（母平均値は μ_0 に等しい）
(2) サンプルの平均値 $\bar{x}$ と不偏分散 V を求める．
(3) サンプルの平均値 $\bar{x}$ の標準偏差の推定値 $\sqrt{V/n}$ を求める．
(4) 次の式で t_0 を求める．

$$t_0 = \frac{\bar{x} - \mu_0}{\sqrt{V/n}} \tag{10.7}$$

(5) 判定

$|t_0| \geq t(n-1, 0.05)$ であれば仮説 H_0 を棄却する（危険率5％）．

次のような例題で母平均に関する検定を行なってみよう．

「ある原料の価格は，その有効成分の率で決められる．ある原料の仕様書によれば，有効成分の平均含有率は7.6％となっていた．10点の試料に関する分析データは以下のようであった．

7.2，7.7，8.3，7.7，7.2，7.2，7.5，6.5，7.6，7.7（％）

仕様書の平均含有率7.6％が果たして妥当かどうか検定せよ」

(1) 検定すべき仮説

$H_0 : \mu = 7.6\%$

(2) 不偏分散 V を求める．

平方和 $S = 2.024$ であるから，

$$V = \frac{2.024}{9} = 0.2249$$

また，データの平均値 $\bar{x} = 7.46$

(3)

$$\sqrt{\frac{V}{n}} = \sqrt{\frac{0.2249}{10}} = 0.150$$

(4) 判定

$$t_0 = \frac{\bar{x} - \mu_0}{\sqrt{V/n}} = \frac{7.46 - 7.6}{0.150} = -0.933$$

$t(9, 0.05) = 2.262$（t 分布表から）であるので，$|t_0| < t(9, 0.05)$ となる．したがって，仮説 H_0 は棄却されない．仕様書の平均含有率 7.6 % は，このデータによっては否定されないと結論されたことになる．

【問題 10.4】
　　購入原料の仕様書によると，水分含有率を測定した結果は平均で 4.0 % となっている．A 社から購入した原料の水分含有量は，$\bar{x} = 4.3$ %で，$V = 0.47$ %，$n = 25$ であった．仕様書どおりか検定せよ．なお，$t(24, 0.05) = 2.064$ である．

10.10.2 母平均値の区間推定

一般に，母標準偏差 σ が未知のとき，大きさ n のサンプルから得られたデータに基づいて母平均値 μ に対する信頼度 95 % の信頼区間を求める式は次のようになる（σ は未知）．

$$\bar{x} - t(n-1, 0.05)\sqrt{\frac{V}{n}} \leq \mu \leq \bar{x} + t(n-1, 0.05)\sqrt{\frac{V}{n}} \quad (10.8)$$

いま，例題によって信頼区間を求めてみる[3]．

【例題】錠剤のロットから無作為に 10 個を抜き取り，その質量を測定し，以下の結果を得た．このロットの質量の母平均値を区間推定せよ．
　　　440, 453, 416, 436, 443, 465, 450, 448, 427, 433

〔解〕データから平均値 $\bar{x}$ および不偏分散 V の値を求める．
　　　$\bar{x} = 444.1$,　$V = 196.1$

これから，質量の母平均は次のように区間推定できる．

$$441.1 - t(9, 0.05)\sqrt{\frac{196.1}{10}} \leq \mu \leq 441.1 + t(9, 0.05)\sqrt{\frac{196.1}{10}}$$

$441.1 - 2.262 \times 4.428 \leq \mu \leq 441.1 + 2.262 \times 4.428, \quad t(9, 0.05) = 2.262$

$431.1 \leq \mu \leq 451.1$ mg（信頼度 95％）

【問題 10.5】
　ある原料の価格は，その有効成分の率で決められる．10 点の試料に関する分析データは以下のようであった．

　　　7.2, 7.7, 8.3, 7.7, 7.2, 7.2, 7.5, 6.5, 7.6, 7.7（％）

であった．この母平均の区間推定をせよ．なお，$t(9, 0.05) = 2.262$ である（この問題は前節の例題と同様の内容である）．

☆　☆　☆　chat room　☆　☆　☆

　最近の学生諸君のコンピュータ操作の巧みさには舌を巻く．筆者の世代がコンピュータをいじり出した最初の世代ではないかと思う．60年代の後半，大学の大型計算センターに通って，数値解析に精を出した思い出がある．FORTRANによる数値解析だった．当時は，コンピュータが通信手段に使えるとは夢にも思わなかったし，ワープロ能力，作画能力などを含めて，いま思えば当時の5階建てのビル全体の計算センターの計算能力は現在のA4版の大きさ程度のノートパソコンに劣っていた．

　現在の学生諸君が使い慣れているパソコンのWindowsに対応するソフトにExcelがある．Excelの基本的機能として，関数の操作，関数を使ったデータの並び換え，ピボットテーブル（クロス集計）およびグラフ作成などがある．この節で述べてきた統計的手法の計算，作画にはExcelは非常に便利なソフトで，統計的手法のための様々な関数も組み込まれている．

参考文献

1) 坂本碩也：生産管理入門，理工学社 (1989).
2) QCビデオ委員会：ビデオ教材「実質品質管理講座」，日刊工業新聞社 (1981).
3) 森口繁一：新編統計的方法，日本規格協会 (1989).

第11章 国際標準化機構―品質保証に関する標準規格 ISO 9000 シリーズ

11.1 ISO 9000 シリーズ制定の歴史的背景

ISO（International Organization for Standardization：国際標準化機構）は，世界に通用する製品，用語，方法などの共通の取決め，すなわち標準をつくり，その標準を組織的に活用する標準化を促進するために設けられた機関である．日本をも含めて120カ国以上が参加している．

ISO の発足は，第二次世界大戦直後の 1947 年にまでさかのぼる．1946 年に，国連規格調整委員会がロンドンで 15 カ国の参加を得て会議を開催し，工業規格の国際的統一と調整を促進することを目的とする国際機関の設立を決め，翌1947年に新機関 ISO が正式に発足，活動を開始した．ちなみに，ISO の発足が決議された 10 月 14 日は「World Standard Day」と呼ばれ，国際標準化の記念日とされている．

ISO が最初に制定した規格は，1951 年の「公差及びはめあいに関する工業用長さ測定の基準温度」というものであった．1947年に活動を開始してから今日まで，写真のフィルム，非常口のシンボルマークなど，われわれの日常生活に関わりの深いものから，ねじ，歯車，鉄鋼製品，自動車，船舶，航空機といった工業製品，あるいはそれらを製造するために欠かせない製図やメートル，パスカルといった単位の制定などの様々な標準を制定，発行することにより，ISO 標準は全世界の産業の歴史に大きく貢献してきた．

☆　☆　☆　chat room　☆　☆　☆

　ISO の正式名称は International Organization for Standardization である．では，なぜその略称は IOS あるいは IOFS ではないのだろうか．第二次世界大戦直後，世界平和への願いと工業文明の発展のための国際的な標準化推進に燃えた委員諸子が，新しく発足する機関の略号として決めた ISO はギリシア語の isos（イソス）を語源としているとのことである．この言葉の意味は「相等しい，同等の大きさ，平等」で，世界平和への願いをこめた国際標準を表わすのにふさわしい言葉といえるのではないだろうか．

1970年代，日本の工業製品の国際競争力が強くなり，世界的な経済発展に大きく貢献し始めた．これは，第10章で述べた日本の品質管理法，TQCをはじめとする品質重視の考え方によるものであった．そして，欧米でも何とかしなくてはいけない，もっと品質重視の考え方を経営に反映させなくてはいけないという風潮が高まってきた．

1976年，ISOにおいて，「品質保証の分野における標準化」を活動範囲とする技術委員会「TC 176」が設置され，1980年5月，カナダのオタワで最初の国際会議が開催された．これらの品質保証の標準化の国際規格をつくろうとする動きの背景にはヨーロッパ諸国のマーケット統合の方向性があった．1985年のEC委員会で，ドロール委員長は「ヨーロッパは生き延びるか，衰退するのかいずれかの道を選ばなければならない．……いまや，ヨーロッパは統合という大事業を果たし，世界の強国として再生しよう……」と訴えた．

ECの市場統合によって，ヨーロッパの12カ国，3億4000万人，約6兆ドルのGDPを有する世界最大の市場が一つになり，EC諸国はこれによって流通，販売の効率化，経済の活性化を図り，ライバルであるアメリカ，日本に対抗しようと意図した．市場統合で必然的に起こったトラブルは，技術基準，安全基準の各国間の格差に起因するものであった．そこで，ECはその対策として供給者（売手）の品質保証能力を第三者に査定させることを検討した．その査定をするための規格（標準）としてISO 9000シリーズを採用し，品質保証能力がある企業には，第三者認証を与えることにした．

そして，1987年3月に品質保証に関する規格ISO 9000～9004が発行された．本来，ECの市場統合とISO 9000シリーズとは無関係であるが，過半数を占める欧州諸国の発言力によって，EC内部で運用していた規格がISOの規格に取って代わったといえる．したがって，欧州市場へ製品を輸出しようとする各国の企業は取引きを有利に導くために，ISO 9000シリーズの審査登録を受ける必要が生じてきた．EC諸国は，ISO 9000シリーズの採用によって，統合市場を日米からの企業攻勢から保護するための時間と障壁の構築に成功したといえる．

☆ ☆ ☆ chat room ☆ ☆ ☆

　第二次世界大戦直後の1946年9月，イギリスのウィンストン・チャーチルがスイスのチューリッヒ大学で行なった歴史的な演説がある．彼の演説で最も有名な一節は，
「もし，ヨーロッパの諸民族が団結できるならば，ヨーロッパ人は共通の幸福感を抱き，無限の栄誉を感じるだろう．われわれはアメリカ合衆国に似たものを建設し，育てなければならない」である．また，さらに1948年のヨーロッパ大会では，「人，思想，および物が自由に移動することが再び確立され，統一されたヨーロッパを望む」ともうたっている．
　このチャーチルの壮大な展望は，チャーチルの発言から半世紀を経た1993年1月EC市場の統合が実現し，参加国12ヵ国，3億4000万人の消費者，GDP6兆3000億ドルに及ぶ市場が出現した．将来，単一通貨圏はユーロランドと呼ばれる．1991年1月から2001年12月31日の各国通貨からユーロへの切替えの助走期間を経て，2002年1月から6月30日にかけてユーロの完全移行が実施される．ユーロ紙幣と硬貨の流通が開始され，半年かけて各国通貨が回収される．7月1日付けで各国通貨は法的有効性を失い，ユーロのみが合法的通貨となる．
　ユーロランドへの移行により，ヨーロッパにアメリカを凌ぐ一大経済圏が誕生することになる．
　ユーロ圏内諸国との貿易を望む企業にとって，ISO 9000シリーズの取得と環境問題に対するISO 14001の取得は，必要不可欠のものになるだろう．
　イギリスとヨーロッパ大陸海峡を結ぶユーロトンネルは，EC諸国間の「人，思想，および物が自由に移動すること」の象徴であるといえる．2002年からは，このトンネルを移動しようと願う人はユーロダラーを用意しなければならない．

11.2　日本におけるISO 9000シリーズの展開

　日本は，当初消極的であったが，ISO 9000シリーズをJIS化するための検討委員会が1991年4月に発足しJIS化の検討が開始され，同年10月にJIS Z 9900〜9904が制定された．イギリスのBSもドイツのDINも日本のJISと同様に国内規格である．しかし，早くからISOとの整合化を図り，いまでは日本を一歩も二歩もリードした形になっている．

　日本では，1993年11月にはISO 9000シリーズの日本唯一の審査登録認定機関として財団法人日本適合性認定協会（JAB）の前身である日本品質シ

ステム審査登録認定協会が設立された．その後，ISO 9000 シリーズ規格は 1994 年 7 月に改訂され，それに対応して JIS Z 9900 シリーズも 1994 年 12 月に改訂，さらには 1998 年 9 月にも一部改訂された．

日本で最初に ISO 9000 シリーズのシステム構築，認証取得をした企業は，自動車産業や食料品メーカーといった海外進出を行なってきた製造業で，その後，建設業などの公共事業を請け負う企業が認証を受け，現在，大企業にとどまらず，大企業の関連企業をはじめとして中小企業も認証を取得する方向に向かっている．認証を受ける企業が増えるにつれて，その規格の適用をよりスムーズにさせるためにも規格要求事項の修正や追加事項が必要となり，2000 年現在，ISO 9000 シリーズは再改訂が見込まれている．

11.3 PL 法との関連

PL（Product Liability）法は，製造物責任法と訳され，販売した製品に欠陥があったために，使用者あるいは第三者の生命，物品に危害を及ぼしたり，経済的損失を与えた場合の民法上の損害賠償責任を問う法律である．刑事責任を問われる場合もある．

アメリカの PL 法は 1960 年代初期に立法化され，世界で最も消費者に有利な内容であり，生産者・販売者にとっては最も厳しい法律といわれている．これは，アメリカ人が極めて権利意識の強い国民であり，文化的・人種的にも多様な国民で構成されている複雑な国であり，弁護士の数も多く，弁護士の成功報酬，陪審裁判制度，損害賠償請求に抵抗感が少ない社会的構造に起因していると考えられる．

ヨーロッパでは，EC の統合の際，PL 法の施行をめぐって生じる原価上のアンバランスを防ぐため，欧州各国に PL 指令を発令している．日本でも，既に立法化され，1995 年 7 月から施行されている．

では，なぜ PL 法に対処する方法の一つとして，ISO 9000 シリーズが必要なのだろうか．通常，製品の欠陥が発見された場合，その原因がまず「自社の設計に起因するのか」，あるいは「他から購入した部品が不良なのか」，「購入した設備に問題があるのか」，これらを迅速に分析し，責任の所在を明らか

にすることが必要である．そのためには，ISO 9000 シリーズで品質保証システムを築き，各種の手順や規定類を文書化し，品質記録を残しておけば，その責任の追求が容易になる．PL 法を意識して文書管理，品質記録の管理システムを確立して，ISO 9000 シリーズの認証を取得しておけば，万一訴訟に持ち込まれても裁判を有利に導くことができる．

また，PL 問題予防対策，PLP（Product Liability Prevention：製品責任予防），または PS（Product Safety：製品安全対策）を効果的に運用するには，品質管理システムの一環としてこの PL 問題予防対策を取り入れ，安全問題を従業員すべての階層の人々に認識，理解させる必要がある．ISO 9000 シリーズで品質保証システムを築くことにより，従業員すべての意識向上，組織の引締めを図ることができる．

11.4 ISO 9000 シリーズとは何か

ここでは，具体的に ISO 9000 シリーズとは何か，その基本的な考え方はどのようなものかについて説明する．前述したように，ISO とは国際標準化機構（International Organization for Standardization）のことで，JIS の国際化であると考えてよい．身近なところでは，写真のフィルムなどにこの ISO マークが付いている．われわれがこれを購入する場合，このマークを見て，この製品（商品）が国際的にその品質が保証されている，あるいは高品質が認知されていると判断できる．

ところが，この ISO 9000 シリーズは製品の規格ではない．企業が「品質を保証できる能力があるかどうか，その能力を査定するための規格（標準）」のことをいう．

11.4.1 ISO 9000 シリーズと TQC 活動との関係

日本では，第 10 章で述べた統計的手法を用いた品質管理の手法である総合的品質管理 TQC（Total Quality Control）への取組みが盛んである．日本では，第二次世界大戦後のアメリカの影響下で経済復興を図ろうと努力し，輸出の増大を目標としてきた．その中で，工業界の重要課題が製品の品質向上であった．アメリカとの貿易を主にした経済路線を歩んだ日本に，アメリ

カで生まれたTQCが根づいたことには歴史的必然性があったともいえる.

このTQCとISO 9000シリーズとはどのような関係にあるのだろうか. ISOは，顧客からの要求に対して顧客によくわかるように納得させるための品質システムづくりを基本にしている．一方，TQCは製品供給者が顧客の要求を満足させるために行なう供給者能動型のシステムである．表11.1に，具体的に両者を比較して示す．

ISO 9000シリーズは，品質管理の前提となるシステム（仕組み）をつくり，そのシステムを確実に動かすものといえる．規格・基準をを基本とした品質システムの運用をしっかり管理し，基準に合った活動をすることによってすべてうまくいくという考え方に立っている．具体的には，ISO 9000シリーズの要求事項に沿って品質システムが文書化されることによって管理のレベルが保証される．そこで，強制・トップダウンの性格を持つことになる．

一方，TQC活動の基本的な考えは小集団活動による自主性の育成とボトムアップにある．従業員の一人一人が問題意識を持ち，統計的手法を用いた品質保証システムを確立し，品質改善を行なっていくことである．

過去，ISOは欧州諸国がリードし，TQCは日本とアメリカがリードして

表11.1 TQCとISO 9000シリーズとの比較[1]

TQC	ISO 9000シリーズ
売り手の考えで取り組む，誠意としての活動	買い手の考えを売り手に要求するもの
最初にシステムありきの考え方で，品質改善が主体	品質システムの構築と維持管理が主体
目標設定とそれに対する成果が期待される	品質システムで決められた条件に適合することが要求される
品質こそが命であり，製品こそが勝負となる	決められた要求が守られていればOKとする
要求事項がなく，各自で効率のよいシステム，道具を考案・実現して効果を上げる	要求事項が規格で明確化されている
自主性，ボトムアップ	強制，トップダウン
"攻め"の品質管理の面を持つ	"守り"の品質管理の面を持つ

きたという経緯はあるが，将来は両者が融合し，補完し合うことになる．TQCによる目覚しい改善・改革活動も記録し，文書化しておくというルールが確立されていないと，その担当者がいなくなったとたんに改善された方法が消滅してしまうことにもなる．

改善によって生み出された技術や方法は，ISO 9000シリーズでつくった仕組みを利用して文書によって標準化することで，しっかり社内にとどめおくことが可能になる．このように，両者は互いに補完し合い，補強し合うという関係を構築できる．

☆ ☆ ☆ chat room ☆ ☆ ☆

　1945年に日本規格協会，翌年に日本科学技術連盟が設立され，1950年にアメリカの品質管理の指導的立場にいたデミング博士が招聘された．デミング博士は，日本で行なった講演，講義のテキストの印税を日本に寄付し，その基金で日本科学技術連盟が「デミング賞」を創設した．デミング賞は，毎年，品質管理において顕著な業績をあげた企業などに贈呈されている．
　しかし，デミング賞を贈られた企業は半永久的にすばらしい品質管理システムを持った企業として権威づけされ，社内のメンバーが変わったりして，企業内でその品質管理システムが機能しなくなってもデミング賞の剥脱はない．そこがデミング賞の弱点であり，ある意味ではTQCの欠点でもあり，日本の大手企業が，当初ISO 9000シリーズへの関心を示さなかった原因でもある．しかし，ISO 9000シリーズは認証を取得した後も，絶えず品質管理のレベル向上への企業努力を行なわなければならないことになっている．
　〔この文章の主な部分は，「岩戸康太郎・河崎義一：ISOのしくみ，ナツメ社（2000）」に依っている〕

11.4.2 シリーズに含まれる五つの規格

ISO 9000シリーズは，一つの規格からなっているのではなく，五つの規格（標準）から構成されている．そのうち二つはガイドラインである．実際の監査で認証に使用される規格はISO 9001，9002および9003の三つの規格である．図11.1に，ISO 9000シリーズ：1994年度の規格と役割を示す．

ISO 9000は，品質管理，品質保証の規格の選択および使用の手引きであり，ISO 9001〜9003までの規格をどのように使い分けたらよいのか，どの

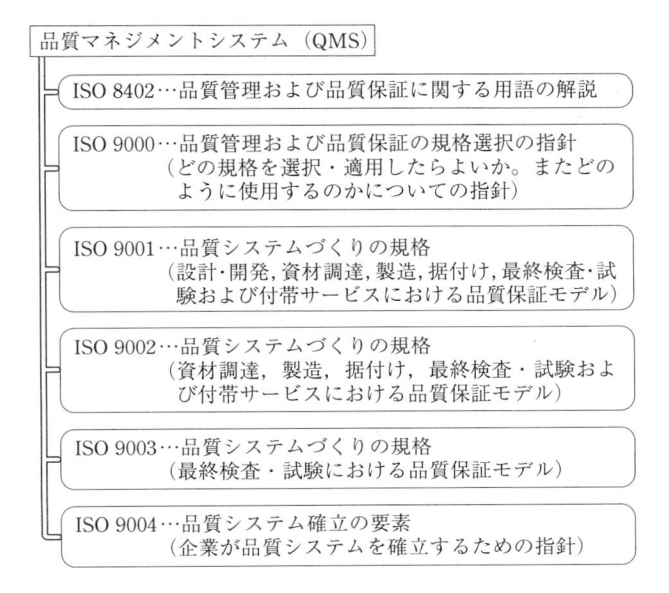

```
品質マネジメントシステム（QMS）
├─ ISO 8402…品質管理および品質保証に関する用語の解説
├─ ISO 9000…品質管理および品質保証の規格選択の指針
│         （どの規格を選択・適用したらよいか。またどの
│          ように使用するのかについての指針）
├─ ISO 9001…品質システムづくりの規格
│         （設計・開発，資材調達，製造，据付け，最終検査・試
│          験および付帯サービスにおける品質保証モデル）
├─ ISO 9002…品質システムづくりの規格
│         （資材調達，製造，据付け，最終検査・試験およ
│          び付帯サービスにおける品質保証モデル）
├─ ISO 9003…品質システムづくりの規格
│         （最終検査・試験における品質保証モデル）
└─ ISO 9004…品質システム確立の要素
          （企業が品質システムを確立するための指針）
```

図 11.1　ISO 9000 シリーズ：1994 年度の規格と役割

ように使いこなしたらよいのかについて説明している．

ISO 9004 は，ISO 9000 シリーズの導入に際して，供給者側として考えなければならない「品質管理と品質システムの基本要素」について，品質要求項目ごとに実施内容を概説したものである．品質システム確立のための解説書であるといえる．

ISO 9001〜9003 は，購入者の立場に対して規定された品質保証モデルである．買い手側が売手側から製品またはサービスに対して保証を得るために使用される規格である．

ISO 9001 は，供給者が行なうすべての工程を対象としている．すなわち，設計，開発，製造，据付け，および付帯サービスまでの全工程において，ISO 9001 が定める「要求事項」に適合させなければ審査登録の取得はできない．20 の品質要素を規定し，要求している．

ISO 9002 は，ISO 9001 から設計，開発を除いた品質保証モデルであり，19 の品質要素を規定し，要求している．主に設計が確立している場合，また

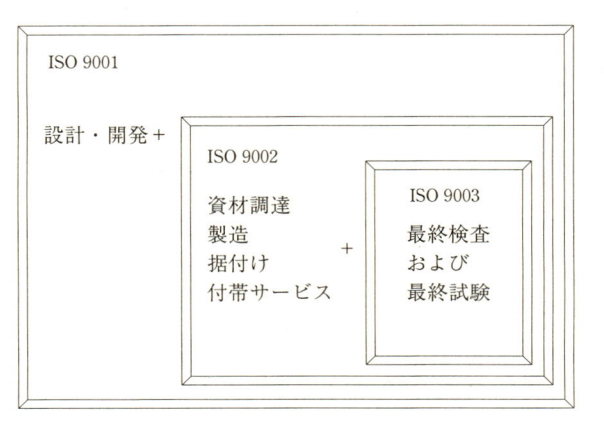

第11章　国際標準化機構―品質保証に関する標準規格

図11.2　品質システムづくりの規格の適用範囲

は購入者あるいは外部から設計図を与えられている場合に用いられる．

ISO 9003 は，最終審査および試験だけについての品質保証モデルであり，12の品質要素を規定し，要求している．既に設計，製造，使用方法が

表11.2　ISO 9001 / ISO 9002 / ISO 9003 : 1994 の要求事項[1]

No.	品質システム要求事項	9001	9002	9003
1	経営者の責任	○	○	△
2	品質システム	○	○	△
3	契約内容の確認	○	○	□
4	設計管理	○	―	―
5	文書およびデータの管理	○	○	○
6	購買	○	○	―
7	顧客支給品の管理	○	○	○
8	製品の識別およびトレーサビリティ	○	○	△
9	工程管理	○	○	―
10	検査・試験	○	○	△
11	検査，計測および試験装置の管理	○	○	□
12	検査・試験の状態	○	○	□
13	不適合品の管理	○	○	△
14	是正措置および予防措置	○	○	△
15	取扱い，保管，包装，保存および引渡し	○	○	□
16	品質記録の管理	○	○	△
17	内部品質監査	○	○	△
18	教育・訓練	○	○	△
19	付帯サービス	○	○	―
20	統計的手法	○	○	△

(凡例)　○：適用項目：9001と要求内容は同一
　　　　□：適用項目：9001と要求表現は同一であるが，最終検査・試験に限定
　　　　△：適用項目：9001よりも要求は緩い．
　　　　―：除外項目（要求項目なし）

長期間にわたって確立されており，品質保証の対象範囲が最終の検査や試験だけで十分とされる場合やサービス業を営む企業に適している．図11.2に，ISO 9001～9003の関係，すなわち適用範囲を示す．また，表11.2にこれらの1994年度版の要求事項を示す[1]．

11.4.3 ISO 9000シリーズの認定と認証

認定とは，製品や工場の品質システムを認証（または審査・登録）する第三者機関にお墨付きを与えることを指す．一方，認証とは，企業の品質システムが規定のシステムに適合していることを証明することである．

対外的に公認される手段としては，このような第三者機関の元締めである認定機関から認定，すなわちお墨付きをもらうことによって正式な認証機関としての業務を遂行できる．図11.3に，日本における認定機関，認証機関，企業各社の関係を示す[2]．

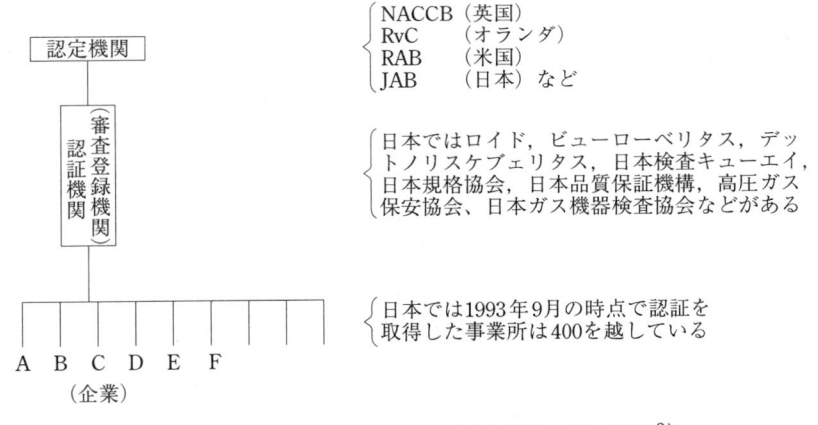

```
認定機関 ─── NACCB （英国）
              RvC    （オランダ）
              RAB    （米国）
              JAB    （日本）など

（審査登録機関）── 日本ではロイド，ビューローベリタス，デッ
認証機関         トノリスケブェリタス，日本検査キューエイ，
                 日本規格協会，日本品質保証機構，高圧ガス
                 保安協会，日本ガス機器検査協会などがある

A B C D E F ── 日本では1993年9月の時点で認証を
（企業）       取得した事業所は400を越している
```

図11.3　ISO 9000シリーズの認定機関，認証機関[2]

11.4.4 認証を受けるための文書作成

文書作成がISO 9000シリーズの認証を受けるための最も重要な問題である．これは，実際の製品をつくり出している現場から見れば奇異に映るかも知れない．しかし，これまで述べてきたようにISO 9000シリーズは，製品そのものを保証するものではなく，ISOは品質保証の態勢ができた企業に認

第11章 国際標準化機構—品質保証に関する標準規格

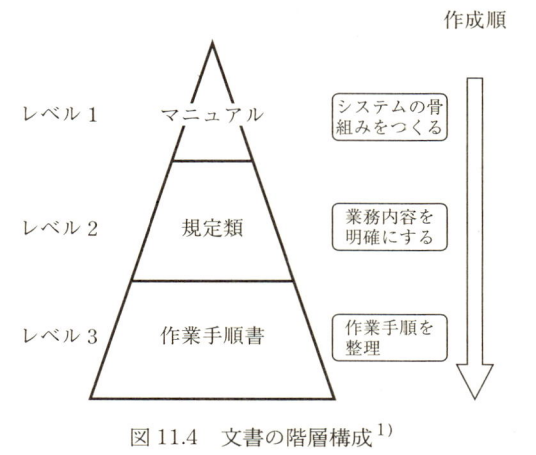

```
        レベル1      マニュアル        作成順
                                   システムの骨
                                   組みをつくる

        レベル2      規定類
                                   業務内容を
                                   明確にする

        レベル3      作業手順書
                                   作業手順を
                                   整理
```

図11.4 文書の階層構成[1]

証を与えるものである．したがって，「品質システムの要求事項」の各項目にいかに企業が適合しているかを文書で明確に記述し，記録し残しておかなければならない．

ISOの文書の規格を規定しているISO 10013では，文書の階層を3段階に分けている．品質マニュアルがレベル1の上位文書に当たり，その下に規定類，作業手順書が下位文書として位置する．図11.4にその概念図を示す[1]．

まず，レベル1の「品質マニュアル」でシステムとしての骨組みをつくり上げる．次いでレベル2の「規定類」の作成でシステムに肉付けを行なう．レベル1の文書はシステムの立場から作成し，レベル2は各職場の観点から整合を図る．それぞれの職場の主体業務を文書によって明らかにする．最後に，レベル3の「作業手順書」を作成し，各職場別に作業の内容をまとめる，いわゆる作業標準を作成する．

11.5 内部監査，審査および定期審査

11.5.1 内部監査

内部監査とは，導入したISOシステムが期待したとおりに機能しているかどうかを社内で客観的に評価することをいう．企業がISOシステムの実施を通して顧客に満足してもらい，品質保証に貢献することが内部監査の目的である．

システムの構築がある程度でき上がった時点で内部監査を行なう段取りになる．内部監査は次のような視点によって行なう．

（1）マニュアルは方針を実現させるのに有効か

(2) 仕事の進め方は要求事項を満足させることができるか
(3) 仕事を進めるに際して，担当者が決められているか
(4) 仕事はマニュアルに決められたとおりに実行されているか
(5) トラブルを再発させないための対策が標準化されているか

11.5.2 審　　査

審査とは，審査登録機関の正式の資格を持つ審査員によって，審査登録した企業のシステムが ISO の要求事項を満たしているかどうかを調べることをいう．審査には予備審査と本審査の2段階がある．一般には，予備審査は文書で行なわれ，本審査は審査員が申請企業に出向いて行なわれる．

本審査は実地審査ともいい，その目的は，
(1) マニュアルどおりにシステムが動いているか
(2) 要求事項を満足させる活動がなされているか
の二つである．本審査の進め方は，システムの流れに従って行なわれる審査と要求事項別に行なわれる審査とがあり，前者が一般的である．

不備や不適合が指摘された場合はその対策書の提出が必要になる．特に，重要な審査事項，すなわち指摘されやすい主な項目は，
(1) 文書やデータの管理
(2) 経営者の責任
(3) 是正措置および予防措置
(4) 内部監査
の4点である．

審査登録機関の判定委員会による審査が終わり，すべての要求事項が適合と認められたとき，また不適合の指摘があった場合，提出された対策書が適合と認められたとき登録され認定書が交付される．

11.5.3 定期審査と更新審査

ISO の認定を取得すると，通常，年2回審査登録機関による定期審査を受けることになる．システムの一部を見る抜取り的な審査であり，ISO ではこれをサーベイランス（surveillance）と呼んでいる．

定期審査の目的は以下の二つである．

(1) 登録審査のときと同じレベルの行動が行なわれているかどうかを確認する
(2) 次回の定期審査までシステムが維持されるかどうかの可能性を推定する

　通常，認証の有効機関は3年である．認証を継続するには3年ごとに認証審査を受け直す必要があり，これを更新審査という．また，更新審査は定期審査と異なりシステムの全体の運営状態を審査する．ISO 9000 シリーズの認証を受けた場合，企業努力で常により成長した品質保証の管理体制を維持することを要求される．

参　考　文　献

1) 牧　英憲・鳩原恵二：よくわかる ISO，日本実業新社 (2000)．
2) 小泉一夫・砂川清栄：マンガ ISO 9000 シリーズ，日刊工業新聞 (1997)．

第12章 国際標準化機構—環境マネジメントシステム規格 ISO 14000 シリーズ

12.1 環境問題

　われわれが，日頃，メディアなどを通じてよく見聞きする環境（environment），あるいは環境問題という言葉は何を意味しているのだろうか．われわれは，太陽の光，大気，水，土壌，生物などの地球上の自然の中で暮らしている．環境問題でいう環境は，このような地球上の自然環境を指す．この環境は，われわれ人間が生きていくために必要な食料や水，空気をはじめ，高度で文化的な生活をするための燃料や材料などを提供している．今日，人間が築き上げた高度で文化的な生活が，自然からの資源に支えられていることは周知の事実である．その一方で，自然から得た資源と同じ量の多種多様な排出物が自然に戻されていたこともまた事実である．

　太古からの人間活動は，この循環メカニズムを逸脱しない範囲に納まっていたことであろう．その状況が大きく変化したのは，産業革命以後のことである．人間の社会活動の規模が急膨張し，資源，エネルギーの消費量は大幅に増加し，排出物の量は自然の再生能力を越え，循環メカニズムの量的バランスを崩すことになった．

　一方，こうした量的アンバランスと同時に，排出物の質的変化が環境にとってさらに重要な問題を引き起こしている．それは，近年の科学の発達や技術革新により，自然界に存在しなかった物質が次々と生み出されていることである．これらの物質の多くは，自然では浄化できないため，必然的に地球環境に蓄積されることになる．環境に対して影響を及ぼさない物質であればまったく問題にならないが，近年話題になっている特定フロンのように，自然界では分解されずに成層圏に蓄積され，生物に有害な紫外線を吸収するオゾン層を破壊するという問題を発生させている．

　自然現象として，太陽から可視光線として受け取られるエネルギーは，地

表を加熱し,宇宙へ反射される.しかし,世界中の産業活動の拡大により,石炭,天然ガス,それに石油の燃焼が過度になり,CO_2 などの温室効果ガスが地球表面に蓄積されていき,宇宙へ逃げるべき熱の大部分がこの温室効果ガスに捉えられ,地球の温暖化を引き起こしている.この地球の温暖化は,南極の棚氷を 10 000 km^2 にわたって破壊し,アルプスの氷河を溶かし,また一方でアフリカ大陸や中国大陸の砂漠化を促している.

また,ディーゼルエンジンが排出する SPM(浮遊粒子状物質:Suspended Particulate Matter),特に直径が 2.5 μm 以下の小さいものは,空中に漂う時

表12.1 地球規模の環境変化の主な原因とインパクト[1]

現象	主な原因	主なインパクト
大気の温室効果増大による気候の温暖化	・年間 200 億トン以上の CO_2 の放出 ・年間 100 万トン以上のフロンガスの放出 ・メタンガスの放出の増大 ・その他の温室効果ガスの放出 ・土壌有機物・バイオマス分解の促進	・600 ppm で 3.0 ± 1.5 ℃ の気温上昇予想 ・植生および農業地帯の分布の変化 ・中緯度地帯で干ばつ激化 ・海水位の上昇 ・植生の生産力の変化
酸性雨の広がりと深化による植生と生態系の破壊	・硫黄酸化物の放出 ・窒素酸化物の放出	・林地植生の衰退進行 ・河川・土壌の酸性化進行 ・湖沼の生体系の崩壊 ・耕地の生産力の低下 ・建造物の腐食の進行
成層圏のオゾン層の破壊による地表への極短紫外線入射の増加	・フロンガスの生産と放出 ・窒素肥料による NO_2 ガスの放出増大	・極短紫外線による DNA 損傷の増大 ・植物・動物における突然変異の増加 ・人間の皮膚がん発生の増加 ・植物生産力の低下
砂漠化の進行・強化	・人口爆発 ・林野の過剰開発 ・耕地の誤った使用 ・耕地の過剰使用 ・気候の変化	・土地生産力の低下 ・地域の生物扶養能力の低下 ・林野・耕地の破壊・放棄 ・地域気候環境の変化 ・植物遺伝資源の劣化

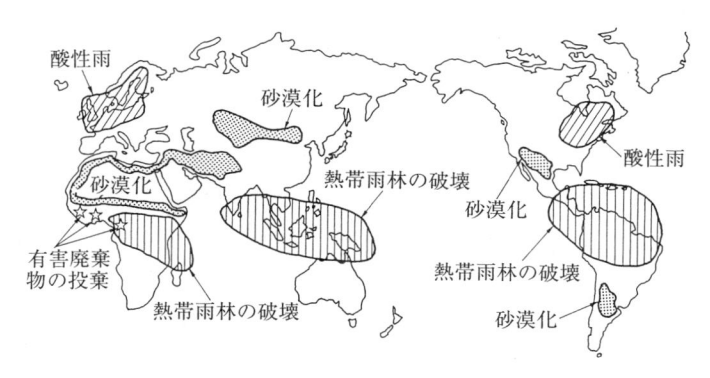

図 12.1 地球環境問題の広がり[2]

間が長く，人体の奥深くまで入り込み，喘息や花粉症などのアレルギー疾患を引き起こし，精子や遺伝子に作用して子孫への悪影響といった将来の人類への弊害をもたらす重大な問題を抱えていることも報告されている．表12.1に，地球規模の環境変化の主な原因とインパクトを整理して示す[1]．

このような環境問題は一つ一つが独立しているのではなく，実はこれらの問題は底流で複雑に絡み合っており，しかも全地球的に影響を及ぼし合っている．図12.1は，地球的規模の環境問題の広がりを示したものである[2]．中国大陸で発生した黄砂が一晩で日本に押し寄せることをわれわれは経験的に知っているが，反対に日本で発生する CO_2，NO_x などの環境破壊ガスが一晩で中国大陸に達しているのである．

そこで，環境問題への取組みは現代の地球に生きる生活者の一人一人が，自分の活動が環境に対してどのような影響を及ぼしているかを認識し，かつグローバル（全地球的規模）な対応と個人，企業，国の理念の変更が必要とされているのである．

12.2 環境問題への世界の取組みと日本の対応

世界的な環境問題への意識の高まりを反映して，1992年6月にブラジルのリオデジャネイロにおいて「国連環境開発会議（地球サミット）」が開催された．地球環境問題の原点ともいえる1972年6月のスウェーデンのストッ

クホルムで開催された「国連人間環境会議」では112カ国の参加に留まったが，1992年の会議には178カ国が出席，関心の高さを物語っていた．このリオの地球サミットでは，

(1) 基本指針を定めた「環境と開発に関するリオ宣言」が採択された．
(2) その具体的な行動計画である「アジェンダ21」の"持続可能な発展"の世界的な合意が形成され，地球保全対策を推進するための第一歩を踏み出した．

以後，この地球サミットのフォローアップも着実に進展していった．表12.2に，初期の国際的な環境保全の取組みの経過を示す[3]．

1997年に，日本の京都で気候変動枠組条約第3回国際会議（COP3）で

表12.2 国際的な環境保全の取組みの経過（1990年以降）[3]

年月	事象	決定事項
1992年6月	地球環境サミット開催	① 環境と開発に関するリオ宣言 ② 気候変動枠組条約 ③ 生物多様性条約 ④ アジェンダ21
	生活大国5カ年計画	「環境と調和した経済社会の構築」を図り，「地球社会と共存する生活大国」を目指す指針を策定
7月	ミュンヘンサミット開催	国別の行動計画を策定することを確認
9月	国連総会	（持続可能な開発委員会の設立，97年国連臨時総会開催の決定）
1993年6月	「持続可能な開発委員会」第1回会合開催	「生物多様性条約」は12月より発効，「気候変動枠組条約」は94年3月より発効
1994年1月	国際熱帯木材協定（ITTA）の改定	「2000年目標」を95年2月よりスタートさせることを決定
6月	砂漠環境防止条約交渉（パリ）	

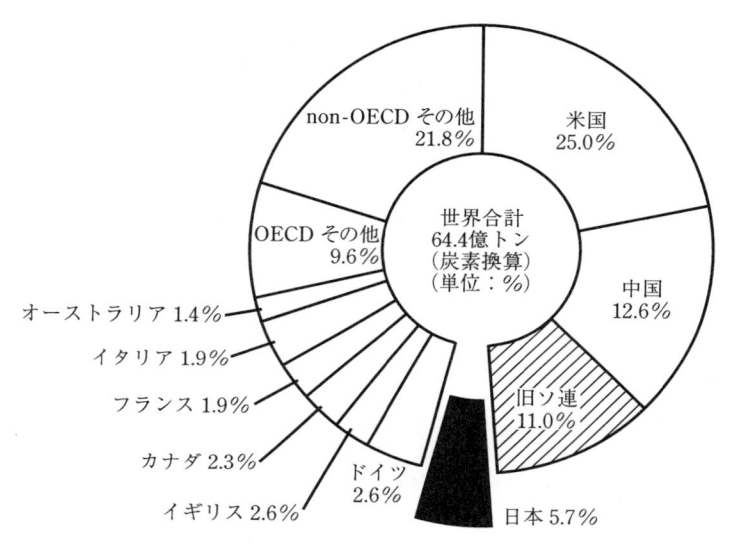

図12.2 世界のCO_2排出量（1994年）[2]

「京都議定書」が採択され，温室効果ガスの各国の削減目標が示された．先進国だけで2008年から2012年の間に1990年比で最低5%を削減するというものである．国別では欧州連合8%，アメリカ7%，日本6%の削減を公約している．図12.2に，1994年度の世界のCO_2排出量を示す[2]．

2000年11月，地球温暖化の防止策を検討する気候変動枠組条約第6回締約会議（COP6）がオランダのハーグで開催された．これはCOP3で決まった「京都議定書」発効のための詳細なルールを決めるのが大きな課題であった．しかし，森林によるCO_2吸収の排出ガス削減量への換算率に関して，日・米・カナダとEUが激しく対立し，ついに合意に至らなかった．これにより「京都議定書」の1992年のリオの地球サミットから10年後の2002年に発効させるという合意の実行は絶望的となった．

一方，日本でも地球環境問題に関して対応を積極化している．「地球環境保全に関する関係閣僚会議」の第1回会合が1989年6月に開催され，その後，1992年10月の第4回会合ではCO_2排出量の安定化目標を定めた「地球温暖化防止計画」を決定した．これら環境問題に対する日本の取組みの経過

表12.3 日本における環境保全の取組みの経過（1992年以降）[3]

年月	事象	決定事項
1992年7月	「廃棄物の処理及び清掃に関する法律の一部を改正する法律」施行	
8月	「特定物質の規制等によるオゾン層の保護に関する法律の一部を改正する法律」施行	
1993年4月	「絶滅のおそれのある野生動植物の種の保存に関する法律」施行	
5月	「環境事業団法の一部を改正する法律」および「環境事業団法施行令の一部を改正する制令」施行	（地球環境基金の創設等）
5月	「生物の多様性に関する条約」の締結	
7月	「海洋汚染及び海上災害の防止に関する法律施行令の一部を改正する制令」施行	（陸地に隣接する海域に係留する船舶において一定の廃棄物の燃焼を可能にするための規定の整備）

の初期経過を表12.3に示す[3]．

2000年8月に，日本の環境庁はディーゼル排気の微粒子の発がん性を認定した．これらを受けて同年11月，東京都は「ディーゼル車NO運動」を展開し，大型ディーゼル車が首都高速道路を走行する場合に課税する新税導入を盛り込んだ答申案を明らかにした．また，都知事は東京都の定める規制値を満たさないディーゼル車は都内を走行できなくなるという条令案を定例都議会に提案した．

12.3 ISO14000シリーズの制定

　これらの環境問題を，個人や個々の組織，国が個別的に解決していくことは非常に難しいし，またグローバルに取り扱わなければ無意味な問題でもある．そこで，上述の1992年6月の地球サミットのリオ宣言を受けて，ISOは1993年2月に「環境管理に関する技術委員会（TC 207）」の新設を決定し，次に示す六つの小委員会（SC）とワーキンググループ（WG）一つを設置した．1997年末に，TCに直属する二つのWG（森林）を加えている．これらのSCおよびWGはISO 14000シリーズの制定に向けての本格的な作業を開始した．

　TC 207に設置されているSCおよびWGの検討項目は以下のとおりである（カッコ内はISO規格として発行する場合に1993年当時予定していた規格番号である）．

① SC1：環境マネジメントシステム（Environmental Management System：EMS）
　WG1：仕様および利用の手引き（ISO 14001）
　　　　環境パフォーマンスの改善を継続的に進めていく仕組みを構築するために必要とされる規格
　WG2：原則，システムおよび支援技法の一般指針（ISO 14004）
　　　　ISO 14001に基づき，環境マネジメントシステムを構築する際の参考事例などを示したガイド

② SC2：環境監査（Environmental Audit：EA）
　WG1：環境監査の一般原則（ISO 14010）
　　　　組織，監査員およびその依頼者に対し，環境監査実施の共通の一般原則に関する指針を示すことを意図した規格
　WG2：監査手順－環境マネジメントシステムの監査（ISO 14011）
　　　　環境マネジメントシステム監査基準との適合性を判定するための環境マネジメントシステム監査の計画および実施についての監査手順についての規格

WG 3：環境監査員のための資格基準（ISO 14012）
　　　　環境監査員および主任環境監査員のための資格基準に関する手引きであり，内部監査員および外部監査員の両方に適用可能な規格
WG 4：WG 3 サイトアセスメント（ISO 14015）
　　　　事業所が立地している土地に関わる環境影響負荷（土壌汚染，地下水汚染など）の監査を示した規格

③ SC 3：環境ラベル（Environmental Labelling：EL）
　　　　消費者・利用者の選択という市場原理を利用し，類似の商品群から環境に配慮した商品に優先度を与えることを目的として，そのための基準を定めるもの．WG 1 第三者認証による原則と実施方法（タイプ I）（ISO 14024）
　　　　製品の環境に関する情報を表示（タイプ III）（ISO 14025）
WG 2：自己宣伝による環境主張（タイプ II）－用語と定義（ISO 14021）
　　　　自己宣伝による環境主張（タイプ II）－シンボル（ISO 14022）
　　　　自己宣伝による試験検証方法（タイプ II）（ISO 14023）
WG 3：一般原則（ISO 14020）

④ SC 4：環境パフォーマンス評価（Environmental Performance Evaluation：EPE）
　　　　組織の環境行動，実績を定性的・定量的パラメータを使って評価する手法に関する規格（ISO 14031）
WG 1：マネジメントシステム
WG 2：オペレーショナルシステム

⑤ SC 5：ライフサイクルアセスメント（Life Cycle Assessment：LCA）
　　　　製品の環境負荷を原料調達段階から廃棄に至る各段階ごとに分析し，製品の環境負荷の改善を目的とする手法のための規格
WG 1：一般原則（ISO 14040）
WG 2：インベントリ分析：一般（ISO 14041）

WG 3：インベントリ分析：特定（TRType 3）
WG 4：環境影響（ISO 14042）
WG 5：環境影響（ISO 14043）
⑥ SC 6 ：用語および定義（Terms and Definition：T & D）（ISO 14050）
⑦ WG 1：製品規格の環境側面（Environmental Aspects in Product Standards：EAPS）
製品規格をつくる際に環境への配慮を盛り込む手法（ISO ガイド 64）
⑧ WG 2：森林（FOREST）
森林関係者が EMS を構築する際の関連情報（TRType 3）

TC 207 の参加メンバーは，1997 年 2 月現在，P メンバー（積極的参加）52 カ国，O メンバー（オブザーバー）18 カ国の計 70 カ国である．TC 207 は ISO の TC の中でも最大の組織になっている．日本は，TC，SC のすべてに P メンバーとして登録済みであり，各会合に積極的に参画している．環境マネジメントシステム規格をめぐる主要な経緯をまとめて表 12.4 に示す[4]．

このようにして，環境問題に関するグローバルスタンダードが設けられ，環境の管理を全地球的規模，世界各国でトータルにできるようになった．そ

表 12.4 環境マネジメントをめぐる経緯[4]

1987 年 3 月	ISO 9000 シリーズの発行
1990 年 12 月	EMAS 第一次草案発表
1991 年 6 月	BCSD（持続的発展のための産業界会議）の創設
1991 年 9 月	ISO/IEC/SAGE（環境に関する戦略諮問グループ）の設置
1992 年 3 月	BS 7750 制定
1992 年 6 月	UNCED（国連環境開発会議）の開催
1993 年 2 月	ISO/TC 207 の設置
1993 年 7 月	EMAS 発効
1995 年 4 月	EMAS 施行
1996 年 9〜10 月	ISO 14001，14004，14010，14011，14012 を国際規格として発行
1996 年 10 月	JIS Q 14000 シリーズの制定
1997 年 4 月	ISO/TC 207 京都総会開催
1997 年 6 月	ISO 14040 の発行（同年 11 月，JISQ 14040 制定）

れが ISO 14000 シリーズで,国際的な環境基準の遵守と監視のための認証プロセスである.ISO 14001 は審査登録規格なので着実に全世界に普及している.

　将来,日本の企業や地方自治体は地球環境を常に念頭において活動しなければならず,国際社会を担う一員として自他ともに認められようとするのであれば ISO 14001 の認証の取得を迫られることになろう.

12.4　ISO 14000 シリーズとは

　上記の TC 207 の七つの作業部会を受けて,1996年に「環境マネジメント」に関する標準 ISO 14000 シリーズが制定された.この「環境マネジメントシステム:EMS」とは「企業や自治体などの組織の活動,製品およびサービスが環境に与える悪影響(負荷)を軽減するために,環境に関わる仕事のやり方を決め,それを確実に実行すれば,その目的を達成できる仕組み」ということになる.ISO 14000 シリーズ全体を構成する規格を図 12.3 に示す[5].

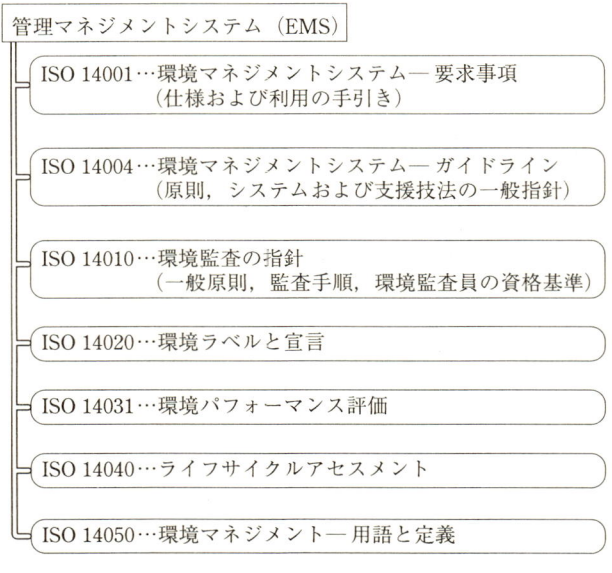

管理マネジメントシステム(EMS)
- ISO 14001…環境マネジメントシステム― 要求事項（仕様および利用の手引き）
- ISO 14004…環境マネジメントシステム― ガイドライン（原則,システムおよび支援技法の一般指針）
- ISO 14010…環境監査の指針（一般原則,監査手順,環境監査員の資格基準）
- ISO 14020…環境ラベルと宣言
- ISO 14031…環境パフォーマンス評価
- ISO 14040…ライフサイクルアセスメント
- ISO 14050…環境マネジメント― 用語と定義

図 12.3　ISO 14000 シリーズの構成[5]

このうち，企業や自治体が EMS を構築し，運用するために参照しなければならない重要な規格は次の二つである．

① ISO 14001

ISO 14000 シリーズの主要規格で，受審に必要な基準となる要求事項が書かれている．また，これには付属書というものがあり，要求事項が正しく解釈されるよう説明されている．

② ISO 14004

「環境マネジメントシステム－原則，システムおよび支援技法の一般指針」について触れており，EMS を構築し，実施するためのガイドラインが要求事項別に書かれている．この規格は ISO 14000 シリーズを理解し，システムを構築するために非常に参考になるガイドである．

ここで重要なことは，ISO 14000 シリーズの中で審査登録に直接関わる規格は ISO 14001 だけということである．この規格には企業や自治体などが EMS を構築して運用し，これを継続的に改善するうえでの要求事項が記載されている．

図 12.4[5] は，第 10 章で紹介した「管理の輪」いわゆるデミングのサイクル（plan → do → check → action）を用いて ISO 14001 を説明したものである．これをもう少し詳しく説明する．

▽ plan：企業や自治体などの組織は，環境方針さらにはそれを受けた目的・目標を策定し，活動の計画（プログラム）を立てることを要求されている．

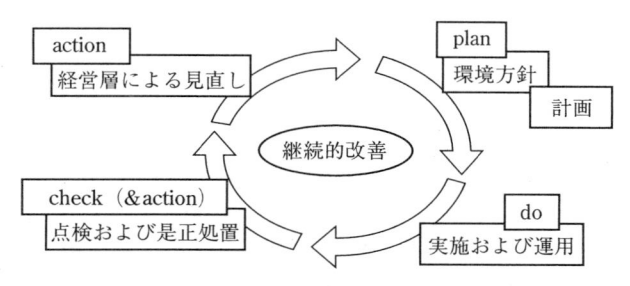

図 12.4　ISO 14000 シリーズのデミングサイクル[5]

第12章 国際標準化機構—環境マネジメントシステム規格

▽ do：その内容に基づき，定めた手順に沿って実行および運用を行なう．
▽ check：そして監視・測定による規制値などのチェック，内部環境監査の実施によるシステムの点検を行ない，不備が発見された場合には是正処置あるいは予防処置を施す．
▽ action：経営者や自治体のトップ自らがEMS（環境マネジメントシステム）見直しを行なう．

この p→d→c→a サイクルを繰り返しながら，マネジメントシステムの継続的改善を図っていくことが組織の活動になる．

ISO 14001規格の要求事項は17項目ある．この項目をp→d→c→aサイクルに分類すると表12.5のようになる．また，第11章のISO 9000シリーズとISO 14001を比較してまとめると表12.6のようになる[6]．特に，利害

表12.5　ISO 14001規格の要求項目のp→d→c→aによる分類

【p】環境方針／計画
・環境方針 < 4.2 >
・環境側面 < 4.3.1 >
・法的およびその他の要求事項 < 4.3.2 >
・目的および目標 < 4.3.3 >
・環境マネジメントプログラム < 4.3.4 >
【d】実施および運用
・体制および責任 < 4.4.1 >
・訓練，自覚および能力 < 4.4.2 >
・コミュニケーション < 4.4.3 >
・環境マネジメントシステム文書 < 4.4.4 >
・文書管理 < 4.4.5 >
・運用管理 < 4.4.6 >
・緊急事態への準備および対策 < 4.4.7 >
【c】点検および是正処置
・監視および測定 < 4.5.1 >
・不適合ならびに是正および予防処置 < 4.5.2 >
・記録 < 4.5.3 >
・環境マネジメントシステム監査 < 4.5.2 >
【a】経営層による見直し < 4.6 >

表 12.6 ISO 9000 シリーズと ISO 14001 との比較[6]

	狙い	範囲	規格要求水準	利害関係者
ISO 9000 シリーズ	品質保証による顧客の満足	生産工程など，製品ベース	一定水準の維持（顧客の要求水準が変わらない限り）	顧客に限定
ISO 14001	EMS 実施により，結果としての環境パフォーマンスの改善	地球環境問題をも含む環境保全全般	継続的改善	一般市民を含む広い層

関係者を取り上げ，さらに詳しく描いたものが図 12.5 である．EMS を構築して運用していくには，このような多くの人たちとのコミュニケーションが求められる[7]．

さらに，ISO 14001 には「自己宣言」が認められているという ISO 9000 シリーズとの大きい違いがある．例えば，ある企業が「環境 ISO の要求事項を満たしている」と判断して，認証を受けずに，環境 ISO に適合していると宣言できる．認証取得のコスト削減が主な理由で，中小企業を対象としたガイドラインも検討されている．

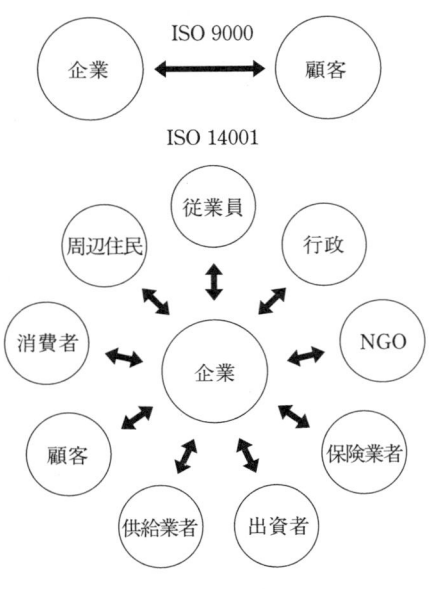

図 12.5 ISO 9000 と ISO 14001 との利害関係者

12.5 ISO 14000 シリーズ導入後の環境対策の深化

認証取得後，その適切性，妥当性，有効性が確実に実施されるように，経営トップや自治体の責任者は図 12.4 に示した p→d→c→a サイクルを実施し，常に環境対策の継続的改善を行ない，かつ深化させなければならない．

そのために ISO 14001 以外の ISO 14000 シリーズにも目を向けなければならない．そこで，ISO 14000 シリーズの具体的な行動目標を以下に示す．

（1）グリーン購入

環境問題への意識の盛り上がりから，消費者団体，NGO（非政府組織）のみならず地方自治体でも環境にやさしい製品や，そのメーカーを具体的に表記してガイドブックやリストを作成して，環境への負荷のできるだけ少ない製品を組織的かつ積極的に選択する取組みが行なわれるようになった．このように，環境への負荷の少ない製品，原材料，サービスなどを進んで購入することはグリーン購入と呼ばれ，特に政府や地方自治体，企業などにおける物品・サービスの調達の場合にはグリーン調達と呼ばれている．図 12.6 に国際的エコラベルの例を示す．

(a) 国際エネルギースターマーク　(b) RESYマーク　(c) DSD（グリーンポイント）マーク

図 12.6　国際的エコラベルの例

（2）ライフサイクルアセスメント（LCA）の実施

グリーン購入・調達の判断基準となる世界共通の物差しとして，製品の一生，すなわち資源の採取から生産，消費，使用，廃棄，リサイクルまでを通じて環境への負荷を定量的に評価することを LCA という．日本のコニカは大手企業では世界ではじめてこの LCA を適用した（1999 施行）．対象項目は，地球温暖化対策から削減が求められている CO_2 で，カラー感材，モノクロ感材，事務機，カメラの主要 4 品群のほか，非球面レンズなど部品類までの LCA を 1999 年度中に実施する．

（3）エコマークの取得

また，類似の製品の中から環境にやさしい製品・サービスなどを消費者が選ぶための目安として日本ではエコマークが付けられ，世界的規模で環境ラ

12.5 ISO 14000シリーズ導入後の環境対策の深化 (177)

ベル制度が実施されている．図12.7に世界の環境ラベルの例を示す[7]．

オランダ	北欧諸国	フランス	ドイツ
日本	アメリカ	台湾	カナダ
スウェーデン	オーストリア	韓国	EU

図12.7　世界の環境ラベルの例[7]

☆　☆　☆　chat room　☆　☆　☆

　EMSを構築した企業や自治体は，第三者である審査登録機関に審査を受けたいという申請を行なう．これらの仕組みはISO 9000シリーズで説明したものと同じで，日本の認定機関であるJABの認定を受けている審査登録機関は2000年4月20日現在で23機関ある．
　ISO取得は，最終的に審査登録機関からJABに伝えられる．登録は，申請企業の申請に基づき審査を行なった登録機関より通知される．その後，登録証が各企業や自治体に発行されることになる．登録証授与の方法は，各審査登録機関によって異なる．郵送にしたり，重々しく授与式を行なったり千差万別である．図12.8に認証書の例を示す．
　〔この認証書の例は，「山武ハネウェル(株)編：''ISO 14001''認証取得マニュアル，日刊工業新聞社」に依っている〕

(178)　第12章　国際標準化機構―環境マネジメントシステム規格

図 12.8　認証書の例

参　考　文　献

1) 内嶋善兵衛：ゆらぐ地球環境，合同出版 (1990) p. 10.
2) 通商産業省環境立地局監修：環境総覧 (1994).
3) 環境庁編：環境白書平成 6 年版総覧.
4) 照井恵光・宮西博美：化学企業の ISO 14001，化学工業日報社 (1998).
5) 牧　英憲・鳰原恵二：よくわかる ISO，日本実業社 (2000) p. 10.
6) 原　輝彦：ISO 14001 が見えてくる，日刊工業新聞社 (2000) p. 5.
7) 小泉一夫・福島哲郎：マンガ ISO 14000 シリーズ，日刊工業新聞社 (1997) p. 3.

問題の解答

【問題1.1】
　これは人類の飽くなき"ものづくり"に対する探求心と向上心との結晶であろう．この精神作業を著者は人類の念力と呼びたい．
　人類の最古の祖先は，少なくともいまから250万年前にアフリカに出現したといわれている．その後，約200万年から100万年までは猿人，約100万年前から8万年前までは原人，約8万年前から3万5000年以後は新人というという順序で人類は進化の道を歩み続け，その進化に伴って石器も進化していったと考えられている．
　別府湾の北縁に接した標高35 mの海岸段丘の上に早水台遺蹟がある．この遺蹟の最も下の層，すなわち最も古い地層から発掘された石器は，石英脈岩と石英粗面石を主な材料としてつくられていた．この石器を出土した地層は，フィッション・トラック法という年代測定法により，実に12万年から10万年前あたりと推定することができるという．出土した石器の種類は，チョッパー，チョッピング・トゥール，ハンドアックスが44％を占め，台石の上に原材を置き，その上を石のハンマでたたく（両極打法）という石器製造技術も使われていたことが推測できるという．
　早水台遺蹟や福井洞窟などの石器が出土する遺蹟は，地表から深く掘り進むに従って異なる時代の地層が層状になっていて，あたかも時代のタイムトンネルをさかのぼって行くことになるという．福井洞窟では，最下層の3万5000年以前と推定される地層からサヌカイト製の大型石器と剥片が発見された．そして，第2層～第7層の地層から細石器が発掘された．年代測定の結果から約1万3000年前から細石器がつくられ始め，縄文土器が出土する約8500年以後にはつくられていないことがわかっている．
　この福井洞窟遺蹟に限らず，細石器の材料は良質の黒曜石が主に使用され，砂岩，安山岩，水晶なども含まれている．この細石器は，彫刻刀や矢尻といった非常に高度に洗練された刃物に成長している．この細石器は，細石刃核という黒曜石などでつくられている小型の円すい形や大型のボートのような形をしている細石器をはがし取るための石核というものを細石器製造用の特別な木製や骨製の道具を用いて，はく離させて製造されている．細石器と細石刃核が同時に発掘されることもある．早水台遺蹟の最下層や福井洞窟の最下層から出土した石器は前期旧石器時代，福井洞窟遺蹟に限らず，細石器は後期石器時代のものと考古学では分類されている．

問題の解答

　このような石器の進化を実際に各時代の石器をつくって製造法自体を研究している研究グループも存在する．さらに，石器先端を顕微鏡で詳細に観察し，石器先端の光沢や摩耗痕から，その石器の使用方法や被加工物を判定しようという研究も進められている．刃物先端の光沢や摩耗痕の研究は，第2章で述べる現代の切削工学に共通する課題である．

　このように，数百万年という気の遠くなるような時間を経て，人類はその頭脳の発展とともに単なる石ころを使うところから，非常に優れた現代でも実用可能な石器開発をなし遂げている．この事実は，人類の新しいものを開発するというあくなき意欲を表わしているとみることができる．

　（この文章の主な部分は，「芹沢長介著，日本旧石器時代，岩波新書 (1982) に依っている」

【問題 2.1】

　旋盤でまず丸棒の端面を削る．これは，旋盤で平面を加工することである．丸棒の両端面を立方体の設計寸法の 1 辺の長さの間隔で削った後，この両端面をチャックでくわえて，丸棒外周部に丸棒両端面に直角に端面削りを行なう．ワークを反転してチャックに固定し，この端面に平行に反対側の丸棒外周部を端面削りを行なう．このようにして，6 面を端面削りして丸棒から立方体を削り出す．

　次に，この立方体の 1 面に，この面に垂直に任意の外径の穴を削り込む．このとき，穴の底面が平面になるように丁寧に加工する．6 方向から同径の穴を同じ深さだけ削り込んでいくと，穴の底面がつくる立法体ができ上がる．これを空間的にイメージすると，6 枚の同じ径の紙の円盤が中心点からの距離（中心から円盤に立てた垂線の距離）が等しいように配置されて，互いに切り合った円盤どうしの 12 本の交線が立方体の 1 辺を構成していることになる．

　小さい立法体から順に大きい立法体を削り込む．すなわち，小さい径の穴を最も深く削って最小の立方体をつくり，次いで外側に 2 番目の大きさの立法体を削り出す．穴の外径と深さには，削り込む穴の外径に，でき上がる立方体の 1 面の正方形が接するという条件があるので，あらかじめ計算で穴の外径と深さの関係を求めておく．計算値より穴の深さをやや浅くして削り，6 面が完成した後，8 角を削り落せば，でき上がった立方体は穴の中で自由に動き回る．穴の深さが計算値より深いとでき上がった立法体は穴から飛び出してしまうので注意が必要である．

【問題 2.2】

　軟鋼をハイスのバイトで削るとき（10〜30 m/min 程度の切削速度で加工す

るときに），構成刃先という目には見えないが，とても硬くて工具の代わりに切削も行なってしまうものが工具刃先に付着しやすい．この構成刃先は高温でとれてしまい，また取り付くということを繰り返す．そこで，このとれた構成刃先が加工物表面に付着して表面粗さを大きくする．これに対し，熱に強い超硬バイトを使って切削速度を100 m / min以上に上げると構成刃先は付着しない．このことが，超硬バイトを使って高速切削を行なうと加工物表面がきらきら光って見えるほどきれいに仕上がる主な原因である．

図2.8の切削速度と表面粗さとの関係に見るように，低速では構成刃先の付着に起因する粗さの増大が認められ，表面粗さは60～70 μmにも達している．構成刃先が付かない高速切削の場合の表面粗さが10 μm程度なので，その差は「ざらざら」と「きらきら」で表現できるほどに一目瞭然だっただろう．さらに超硬バイトを使って高速切削すれば，生産性を上げることもできる．

【問題2.3】
式(2.5)および式(2.6)参照．

【問題2.4】
構成刃先の発生による仕上げ面粗さの低下を防ぐための最も実用的な方法は，超硬バイトなどの熱に強い工具を使って高速切削することである．また，粗さの理論式から送りを小さくすれば，工具の形状にかかわらず表面粗さを小さくできる．

【問題2.5】
この問題の解答は，23ページのchat roomを参照のこと．

【問題2.6】
この問題では，切りくずの厚さを測定することが困難なので，切りくずの質量を測定して切りくずの体積と密度から切りくず厚さh_cを推定する方法がとられている．

いま，加工幅をb，切削長さをl，切りくず厚さをh_cとする．削りとられた切りくずの体積Vは，$V = b l h_c$である．切りくずの質量をm，密度をρとすれば，$V\rho = m$である．$b l h_c \rho = m$なので，求める切りくず厚さをh_cは，

$$h_c = \frac{m}{b l \rho}$$

で与えられる．

そこで，

① $h_c = \dfrac{2.12}{10 \times 50 \times 7.84 \times 10^3} = 0.541 \,\text{mm}$

② 式(2.10)より，$C_h = 0.2/0.54 = 0.370$，また式(2.12)より $\phi = 21.6°$

③ 式(2.18)より，$\omega = 49.5°$，これと式(2.14)より，$R = 435\,\text{kgf}$. ここで，$1\,\text{kgf} = 9.81\,\text{N}$ なので，$R \fallingdotseq 4270\,\text{N}$

④ 式(2.16)より，$F_c = 384\,\text{kgf} \fallingdotseq 3770\,\text{N}$

⑤ 式(2.16)より，$F_t = 204\,\text{kgf} \fallingdotseq 2000\,\text{N}$

企業の研究者や技術者は実感覚を重んずるためか，力にkgfの単位を使用する方も多いが，計量法の改正により2000年10月1日からはSI単位の使用が義務づけられている．

【問題 2.7】

機械要素などの立体図を描く手法をテクニカルイラストレーションといい，この手法をマスターするためにはそれなりの教育と学習を必要とする．描こうとする機械要素の理論的背景を骨子として，そのうえに立体図を描かなければならない．したがって，設問(1)を描く前に(2)をしっかり把握する必要がある．

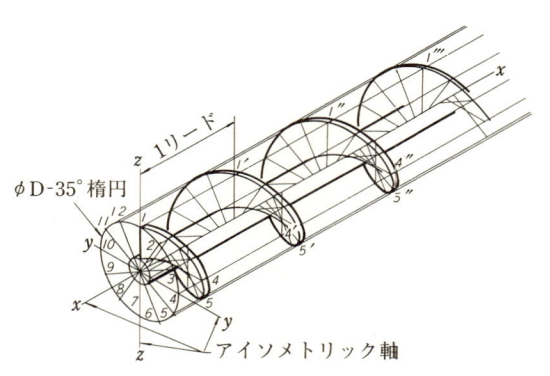

問題2.7の図は，ら旋階段状のねじをテクニカルイラストレーションの手法で描いている．軸を含む断面の形状，軸に直角な断面の形状が同一の母線であることがわかりやすく描かれている．

(この図は「遠矢 徹・中島久嘉共著，テクニカル・イラストレーション，オーム社(1974)」より引用した)

問題2.7の図　ら旋階段状ねじのテクニカルイラストレーション

【問題 2.8】

設問(1)：2.4.3項の復習である．

設問(2)：式(2.22)より，ピッチ P が大きくなり，圧力角 α が小さくなると，ら旋は外側に広がる傾向を示す．逆にピッチ P が小さくなり，圧力角 α

【問題 2.9】
実際につくってみることを勧める．

【問題 3.1】，【問題 3.2】
両問題については丁寧に図を描き，各部の役割を考えることで，ツイストドリルに関して単に書物を読む以上の深い理解を得ることができる．

【問題 4.1】
図 4.7 の xy 座標系で点 P(x, y) の座標を表わせばよい．表 4.1 の平フライスの理論粗さの計算式は，トロコイドの式を円で近似して表現しているが，より厳密な粗さの式や切りくず厚さを求めようとする場合はこのトロコイドの式を必要とする．
$$x = r\sin\varphi + 2\pi N\varphi$$
$$y = r(1 - \cos\varphi)$$

【問題 4.2】
設問 (1)：本文を読んでまとめよ．
設問 (2), (3)：実際にこのようなモデルを製作することにより，様々なことを体験できる．

【問題 5.1】
式 (5.7) に，砥石直径 $D = 300\,\mathrm{mm}$，加工物直径 $d = \infty$，加工物周速 $v = 1 \times 10^4\,\mathrm{mm/min}$，砥石周速 $V = 1.8 \times 10^6\,\mathrm{mm/min}$，連続切れ刃間隔 $a = 10\,\mathrm{mm}$ を代入して，
$$h = 2.57 \times 10^{-3}\,\mu\mathrm{m}$$
この表面粗さは，いわゆるナノオーダであって，普通の研削作業では到底達成できない．普通の研削作業では数 $\mu\mathrm{m}$ のオーダの表面粗さになる．したがって，この理論式は定量的には正しくない．定性的な判断に用いられよう．

【問題 5.2】
72 ページの式 (5.7) 以下の (1)～(4) 項を参照．

【問題 5.3】
もし，A と B が手仕上げ作業によるきさげ削りにより，こすり合わされて

(184)　問題の解答

　AをBに対してどの方向に動かしても両曲面がぴったり一致したとしよう．このような2曲面は幾何学的には何だろうか．この場合，任意の点において両曲面の法線を含む切り口（微分幾何ではこの切り口を法切口と呼ぶ）の曲率半径は，いずれの方向の法切口においても等しいはずである．

　このような曲面は球である．いま，AとB，AとCがぴったりこすり合わされたとすれば，Aが凸面の球であれば，BとCは凹面の球になる．そこで，BとCがこすり合わされてぴったり合ったとすれば，球面であるBとCの任意の方向の法切口の曲率半径は∞でなければならない．さらにAとB，AとCがぴったりこすり合わされるようにきさげ削りをすれば，Aの任意の方向の法切口の曲率半径もまた∞になる．曲率半径∞の球面は平面である．

　これを職人言葉でいえば，次のようになる．

　『AとBがぴったり合うまでは，左甚五郎の鉋と同じだ．しかし，工場の"三枚合わせ"はこれからが違う．AとBがピタリと合わさったら，今度はAを基準にしてCの板をこすり合わせるんだ．すると，BとCは同じように仕上がっているはずだ．そのBとCをまた"ともずり"する．そうすれば，BとCも，お互いに当たりのあるところが削られるから，ちゃんとした平面ができる．そこで，今度はBを基準にしてAの当たりをとる．これで，AもBもCも完全な平面のはずだ．でも念のためにAとCを合わせるんだ．これで3枚がぴたりと合えば，この3枚は完全な平面になった．まあ，ざっとこんな次第だよ』

　（『　』内の文章は，「小関智弘著，鉄を削る，太郎二郎社（1985）より引用した）

【問題6.1】

　図6.3に関する説明文を読むだけでなく，図を詳細に写し描くことによって，歯切りの原理をはっきりと理解できる．

【問題6.2】

　台形ねじの軸を含む断面の形状は直線歯を持った歯車である．これをラックという．ラックは，すぐ歯インボリュート歯車のピッチ円半径が無限大になったものと考えてよい．

　台形ねじが回転すると，軸を含む断面の形状の直線歯ラックは平行運動を行ない，インボリュート歯形を創成する（以上は機構学の常識的な考察になる）．

【問題7.1】

　図7.3を詳細に写し，かつ説明文と対比することでサーボモータの特徴をよく理解できる．

【問題10.1】
　われわれが普段何げなく行なっている日々の行動が，1日1時間のムダになっていたり，生活習慣病などの重大な結果を引き起こしている場合がある．そこで，身のまわりの小事件などについて，その要因と結果についての特性要因図を描くことよって，無意識の行動の要因と結果を意識にのぼらせることができ，日々の生活の画期的な改善を図ることができる場合がある．

【問題10.2】
　平均値 $= 23.8$，中央値 $= 23.1$，平方和 $S = 6.07$，範囲 $R = 3.0$，不偏分散 $V = 1.52$，標準偏差 $\sigma = 1.23$

【問題10.3】
　テストの点数の合計：530，平均点：53，標準偏差：14.3
　各自のテストの結果：90，57，56，54，53，52，50，45，40，33
　各自の標準値：2.587，0.28，0.21，0.07，0，-0.07，-0.21，-0.56，-0.91，-1.4
　各自の偏差値：75.9，52.8，52.1，50.7，50，49.3，47.9，44.4，40.9，36

【問題10.4】
　検定すべき仮説 $H_0 : \mu = 4.0\%$
$$t_0 = \frac{4.3 - 4.0}{0.47/\sqrt{25}} = 3.19, \quad t(24, 0.05) = 2.064, \quad |t_0| > 2.064$$
　したがって，危険率5％で仮説 H_0 を棄却する．水分含有率は4％ではない．

【問題10.5】
　母平均 μ に対する信頼度95％の信頼区間は，
$$7.121 \leqq \mu \leqq 7.799(\%)$$

索　引

ア　行

アーバ……………………………47, 52
アーム……………………………… 38
ISO ………………………………150, 169
ISO 9000 シリーズ ………………151
ISO 9000 ……………………………156
ISO 9001 ……………………………157
ISO 9001～9003 ……………………156
ISO 9002 ……………………………157
ISO 9004 ……………………………157
ISO 14000 シリーズ ………169, 172
ISO 14001 ………………169, 172, 173
ISO 14004 …………………………169
ISO 14010 …………………………169
ISO 14011 …………………………169
ISO 14012 …………………………170
ISO 10013 …………………………160
ISO 14015 …………………………170
ISO 14020 …………………………170
ISO 14021 …………………………170
ISO 14022 …………………………170
ISO 14023 …………………………170
IT 時代 ……………………………120
アジェンダ 21 ……………………166
アトランティコの手稿 ………………3
穴あけ……………………………… 38
穴加工……………………………… 38
アブソリュート方式………………101
油穴付きドリル…………………… 40
アルキメデスのら旋……………… 32
アンギュラカッタ………………… 54
EMS ……………………………172, 173
インクリメンタル方式……………101
インボリュート………………29, 54, 56
インボリュートウォーム………… 82
インボリュートねじ面…………54, 77
インボリュート歯車……………… 77

インボリュートヘリコイド……… 78
上向き削り………………………… 50
ウォーム…………………………… 29
ウォームギヤ…………27, 29, 74, 82
A系砥粒…………………………… 65
ACサーボモータ………………… 93
AGV ………………………………128
ATC ………………………………… 8
APT ………………………………122
Excel ……………………………149
エコマーク………………………176
エコラベル………………………176
SWCバイト……………………… 14
SPM ………………………………164
NC ………………………………7, 8
NC工作機械…………………88, 122
NCコード………………………… 98
NC制御システム………………… 90
NC旋盤…………………………… 9
NCデータ………………………124
NCプログラム………90, 101, 108
FAPT ……………………………122
FMS …………90, 126, 127, 128
MRP ………………………………112
MCU ………………………………126
LCA ………………………170, 176
円筒ウォーム…………………… 82
円筒ウォームギヤ……………… 82
円筒研削…………………… 60, 72
円筒研削盤……………………… 60
エンドミル……………………… 48
往復台…………………………… 9
オープンループ方式…………… 91
送り……………………………… 10
送り換え歯車…………………… 75
送り装置………………………… 38
送りマーク…………………15, 18

(188) 索　引

押込み力 …………………………… 42
オゾン層 …………………………… 163
親ねじ ……………………………4, 10
温室効果ガス ……………………… 164
オンライン・リアルタイム ……… 126

カ　行

換え歯車 ……………………4, 6, 27, 53
確率 ………………………………… 144
確率密度関数 ……………………… 143
カッタブレード …………………… 80
可展面 ……………………………… 58
金型 ………………………………… 110
環境 ………………………………… 163
環境マネジメントシステム …171, 172
環境問題 …………………… 163, 165
環境ラベル ………………… 170, 176
換算ピッチ ………………………… 78
含軸断面 ……………………… 32, 33
環状フライス ……………………… 79
かんばん …………………………… 106
かんばん方式 ……………………… 104
冠歯車 ……………………………… 79
管理情報 …………………………… 103
機械的摩耗 ………………………… 19
機械要素 ……………………… 27, 29
気孔 ………………………………… 68
技術情報 …………………………… 103
CAT ………………………………… 129
CAD ……………………… 88, 112, 121
CAD / CAM 88, 104, 112, 122, 124
CAM ………………………… 112, 121
QC ………………………………… 130
境界摩耗 ……………………… 19, 20
京都議定書 ………………………… 167
極座標表示 ………………………… 31
切りくず …………… 21, 41, 43, 52
切りくず形状 ………………… 21, 24
切りくず処理 ……………………… 21
切りくずの排除 …………………… 113

区間推定 …………………… 146, 148
クランプ …………………… 114, 115
グリーン購入 ……………………… 176
クレータ摩耗 ……………………… 19
クローズド方式 …………………… 91
結合剤 ……………… 60, 65, 66, 67
結合度 ……………………………… 65
研削加工 …………………………… 60
研削仕上げ面粗さ ………………… 71
研削条件 …………………………… 70
研削しろ …………………………… 61
研削砥石の標準形状 ……………… 69
研削盤 ……………………… 5, 7, 60
研削理論 …………………………… 71
検定 ………………………………… 146
コアドリル加工 …………………… 39
工具運動経路 ……………………… 96
工具寿命 ……………………… 11, 20
工作機械 ……………… 1, 3, 11, 27
工作物 ……………………… 47, 60
構成刃先 …………………………… 11
高速度鋼 …………………………… 42
高速度工具鋼 ……………………… 39
高速ねじ切り装置 ………………… 83
工程 ………………………………… 103
工程管理 …………………………… 138
工程設計 …………………… 103, 123
コーティング ……………………… 39
コーナ半径 ………………………… 18
国際標準化機構 …………… 150, 154
誤差解析 …………………………… 30
5軸制御マシニングセンタ ……… 96
コラム ………………………37, 48, 63

サ　行

サーボアンプ ………………… 93, 95
サーボ機構 …………………… 90, 91
サーボモータ ………… 91, 93, 122
再研削 ……………………………… 43
最適砥石 …………………………… 70

最頻値	139
魚の骨	136
座ぐり	39
差動歯車	75
差動歯車装置	76
サドル	48, 62
皿型砥石	82
産業革命	5, 6, 36, 104, 163
三次元測定機	126
サンプリング	136
サンプル	135, 146
仕上げ面粗さ	11, 13, 15, 61
CRT	121
CAE	104, 121, 125
CAPP	123
CNC	92
CNC工作機械	122
CO_2 排出量	167
C系砥粒	65
CBN砥粒	85
JAB	152
治具	113
軸直角断面	32, 34, 56, 57
JIS	152
JIS Z 9900 シリーズ	153
沈め穴あけ	38
自然環境	163
下向き削り	50
自動送り	38
自働化	104, 106
自動倉庫	126, 128
自動停止装置	106
自動搬送機	126
自動プログラミング	123
CIM	88, 104, 120, 125
ジャスト・イン・タイム	104, 105
ジャッキピン	115
シャンク	41
主切れ刃	42
主軸頭	37

主軸台	9
主分力	26
循環メカニズム	163
準備機能	98
使用品質	133
情報革命	104
正面フライス	48, 49
心押し台	9, 10, 39, 54, 60
伸開線	56
審査登録機関	161
シンニング	43
真の特性	132
推定	146
数値制御	7
数値制御工作機械	88
すくい角	12, 25, 42, 43, 50
すくい面	19
ステッピングモータ	122
スパークアウト	61
正規分布	142
正規分布曲線	142
成形歯切り法	81
生産	103
生産活動	103
生産管理	103
生産計画	112
生産・在庫管理手法	112
製造品質	133
製造物責任法	153
設計品質	133
切削加工	11
切削工学	11
切削工具	19
切削速度	13, 20, 21, 40
切削抵抗	11, 13, 21, 23, 42
切削トルク	42
切削比	25
切削油	40
切削力	23
接線極座標表示	56

セミクローズドループ方式	91	チップブレーカ	21, 44
線織面	57, 84	チャック	4, 61
センタ穴	10, 60	中央値	139, 140
センタドリル	39	超硬工具	21
先端角	41, 42	超硬チップ	39
せん断角	24	超硬バイト	44, 50, 83
せん断面	24	直接創成	81, 82
旋盤	3, 9, 27	直立ボール盤	37
ゼロ段取り	109	ツイストドリル	36
全社的品質管理	130	突っ切り	10
総型研削	61	鼓形ウォームギヤ	84
総合的品質	130	TQC	130, 151, 154
創成運動	81	TC 176	151
創成歯切り	74, 79	TC 207	169, 171
側フライス	47	t 分布	147
組織	68, 72	T溝	37
ソリッドモデル	122	データベース	124
		テーパ削り	10
タ 行		テーブル	37, 47, 54, 60, 62, 63, 74
ターニングセンタ	8, 114	DIN	152
台形ねじ	27, 30	DNC	126
第三者機関	159	D系砥粒	65
第三者認証	151	DCサーボモータ	93
代表値	139, 140	手送り	38
タイムシェアリング	126	デミングサークル	133
代用特性	132	電磁チャック	63
ダイヤモンドドレッサ	63	砥石	60, 64
ダイヤモンド砥粒	65, 86	砥石台	60
タップ立て	38	同期型ACサーボモータ	94
立てフライス盤	47	道具	1
タリー	61	統計的管理技法	131
段付きドリル	40	統計的手法	136, 146
段取り	89, 111	統計的な考え方	135
段取り改善	109, 113, 114, 116	統計的な推測	146
段取り換え	108, 109	統計的品質管理	130, 135
断面形状	30	特性要因図	136
地球温暖化	164, 167, 176	度数分布図	138
地球サミット	165, 167	トップダウン	155
チゼルエッジ	42	トヨタ生産方式	104, 107, 109, 128
チッピング	19, 43	トラバース研削	61

索　引　(191)

砥粒 …………… 60, 63, 64, 65, 71
砥粒率 ………………………… 68
ドリル …………… 37, 41, 110, 115
ドレッシング ………………… 70
トロコイド …………………… 51

ナ　行

内部監査 ……………………… 160
内面研削 ………………… 61, 72
内面研削盤 ………………… 60, 61
中ぐり ………………………… 39
中ぐり盤 ……………………… 7, 36
流れ形切りくず ……………… 24
ニー …………………………… 48
ニーマンウォーム …………… 83
逃げ角 ………………… 42, 43, 50
逃げ面摩耗 …………………… 19
二次元切削 …………………… 23
ニック ………………………… 44
認証 …………………………… 159
認証機関 ……………………… 159
認定 …………………………… 159
認定機関 ……………………… 159
抜取り ………………………… 136
ねじ …………………… 5, 27, 30
ねじ切り …………………… 4, 10
ねじ切り旋盤 ………………… 6
ねじ切り盤 ………………… 4, 27
ねじ研削盤 ………………… 29, 82
ねじ面 ………………………… 30
ねじれ溝 ……………………… 41
ノーズ半径 …………………… 18

ハ　行

バイト ……………… 5, 17, 39, 42, 50
背分力 ………………………… 26
ハイポイドギヤ …………… 27, 79
歯切り ………………………… 75
歯切り盤 ……………………… 7
歯車列 ………………………… 28

はすば歯車 ………………… 74, 76
バックラッシ ……………… 51, 77
刃物台 ………………………… 4, 9
ばらつき ………………… 138, 141
バリ取り ……………………… 108
パルスモータ ………………… 91
パレート図 …………………… 137
範囲 …………………… 140, 141
万能ホブ盤 …………………… 74
BS …………………………… 152
PS …………………………… 154
PLP …………………………… 154
PL法 ………………………… 153
PL問題予防対策 …………… 154
光造形法 ……………… 124, 125
ひざ型フライス盤 …………… 47
ヒストグラム ………… 137, 142
ピッチ ……………… 27, 30, 55, 78
ピッチ面 ……………………… 80
標準正規分布 ………………… 143
標準偏差 ……………… 140, 141
平歯車 ………………… 74, 75
平フライス …………… 47, 49
品質 …………………………… 132
品質管理 …… 103, 130, 132, 146
品質システム ………………… 155
品質特性 ……………………… 132
品質保証 ……………… 151, 159
品質保証システム …………… 154
品質保証能力 ………………… 151
品質保証モデル ……………… 158
品質マニュアル ……………… 160
ヒンドレータイプ …………… 84
VT線図 …………………… 20
Vブロック …………………… 115
複リード ……………………… 75
複リードウォーム …………… 77
縁型形状 ……………………… 69
普通旋盤 ……………………… 9, 29

不偏分散 …………………………141
フライス ……………………………47
フライスカッタ ……………………110
フライス盤 …………7, 47, 114, 115
プランジ研削 ………………………61
フルクローズド方式 ………………91
ブレーンストーミング ……………137
プロダクトモデル …………………122
分散 …………………………………141
文書化 ………………………………156
平均値 …………………………139, 140
平面研削 ………………………62, 72
平面研削盤 ……………………60, 62
偏差 …………………………………140
偏差値 ……………………137, 145, 146
偏差平方和 …………………………141
ベッド ………………………4, 9, 60
包絡線 ………………………………56
ボール盤 ……………………2, 37, 114
ポカよけ ……………………………106
母集団 …………………………135, 146
補助機能 ……………………………100
母性原則 ………………………………7
ボトムアップ ………………………155
母標準偏差 …………………………146
ホブ ……………………………74, 82
ホブ切り ……………………………77
ホブ盤 ………………………………74
母平均 ………………………………146
ボラゾン ……………………………65

マ 行

マージン ……………………………42
舞ツール ……………………………84
曲がり歯かさ歯車 …………………79
マザーマシン …………………………6
マシニングセンタ ………8, 54, 114
マテリアルハンドリング …………127
マネジメントシステム ……………170
ムダ …………………………………107

ムダ取り ………………………109, 110
ムダの排除 ……………………104, 107
目詰まり ……………………………68
目直し ………………………………63
モールステーパ …………………38, 41

ヤ 行

誘導型ACサーボモータ ……………94
溶着摩耗 ……………………………19
横フライス盤 ………………………47

ラ 行

ライフサイクルアセスメント ・170, 176
ラジアルボール盤 …………………37
ら旋 …………………………………31
ラック …………………………29, 78
LAN …………………………………125
ランダムサンプリング ……………136
リードタイム ………………………113
リーマ …………………………10, 115
リーマ加工 …………………………38
リオ宣言 ……………………………166
リニアスケール ……………………93
粒度 ……………………………65, 72
理論粗さ …………………………15, 53
レストボタン ………………………114
レゾルバ ……………………………94
連続切れ刃間隔 ……………………71
ローラ仕上げ ………………………10
ローレット …………………………10
ロット …………………………113, 135
ロボット ……………………………127

ワ 行

ワイヤカット放電加工機 ………8, 21
ワイヤフレーム ……………………122
割出し換え歯車 ……………………75
割出し装置 …………………………47
割出し台 ……………………………53
WAN …………………………………125

―著者略歴（まき みのる）―

1944 年　中国 漢口に生まれる
1966 年　東北大学 工学部 精密工学科 卒業
1968 年　東北大学 大学院工学研究科 修士課程終了
1977 年　工学博士
1982 年　日本機械学会賞 技術賞受賞
1992 年　関東学院大学 教授
1993 年　中国 重慶大学 顧問教授，兼任 横浜国立大学 講師

JCLS 〈㈱日本著作出版権管理システム委託出版物〉

2001　　　　　2001 年 7 月 1 日　第 1 版発行

機械工作と生産工学

著者との申し合せにより検印省略

著　作　者　　牧　　　充

発　行　者　　株式会社　養　賢　堂
　　　　　　　代　表　者　及　川　　清

©著作権所有

印　刷　者　　星野精版印刷株式会社
　　　　　　　責　任　者　星野恭一郎

本体 2400 円

発 行 所　㈱養賢堂　〒113-0033 東京都文京区本郷 5 丁目 30 番 15 号
　　　　　　　　　　TEL 東京(03)3814-0911 振替00120
　　　　　　　　　　FAX 東京(03)3812-2615 7-25700
　　　　　　　　　　ISBN4-8425-0080-8 C3053

PRINTED IN JAPAN　　　製本所　板倉製本印刷株式会社

本書の無断複写は、著作権法上での例外を除き、禁じられています。
本書は、㈱日本著作出版権管理システム（JCLS）への委託出版物です。本書を複写される場合は、そのつど㈱日本著作出版権管理システム（電話03-3817-5670、FAX03-3815-8199）の許諾を得てください。